# 马氏体不锈钢应力腐蚀与氢脆

沈思聪◎著

中国石化出版社
·北京·

## 内　容　提　要

本书内容共分为 5 章，分别介绍了马氏体不锈钢的成分、微观结构与热处理工艺、性能与应用、应力腐蚀、氢脆、应力腐蚀与氢脆的防护等。

本书可以为从事钢结构设计以及腐蚀与氢脆防护的工程技术人员、科研工作人员提供参考。

**图书在版编目(CIP)数据**

马氏体不锈钢应力腐蚀与氢脆 / 沈思聪著 . — 北京：中国石化出版社，2024. 6

ISBN 978-7-5114-7574-9

Ⅰ. TG142. 24

中国国家版本馆 CIP 数据核字第 2024NA4435 号



**中国石化出版社出版发行**

地址：北京市东城区安定门外大街 58 号

邮编：100011　电话：(010)57512500

发行部电话：(010)57512575

http://www. sinopec-press. com

E-mail：press@ sinopec. com

北京艾普海德印刷有限公司印刷

全国各地新华书店经销

*

710 毫米×1000 毫米 16 开本 10 印张 152 千字

2024 年 6 月第 1 版　2024 年 6 月第 1 次印刷

定价：65. 00 元

# PREFACE 前言

马氏体不锈钢力学性能良好，耐腐蚀性能优异，故在工业生产中占据着重要地位。氢环境下，马氏体不锈钢体现出较高的应力腐蚀与氢脆敏感性，这严重妨碍和危害了该类材料的安全服役。因此，厘清马氏体不锈钢的应力腐蚀与氢脆失效机制，提升马氏体不锈钢材料的抗应力腐蚀与抗氢脆性能，将是马氏体不锈钢应力腐蚀与氢脆的研究重点。

本书是作者在从事多年马氏体不锈钢腐蚀研究的基础上，结合国内外马氏体不锈钢应力腐蚀与氢脆的最新研究进展编写而成。本书共分为5章，第1章介绍了马氏体不锈钢的成分、微观结构以及相关热处理工艺；第2章介绍了马氏体不锈钢的性能，基于马氏体不锈钢的优异性能，介绍了其在工业、建筑、交通、医疗等领域的应用；第3章介绍了马氏体不锈钢的应力腐蚀，包括应力腐蚀的基本原理、影响因素、试验方法以及相关案例分析；第4章介绍了马氏体不锈钢的氢脆，包括金属中氢的存在状态、氢的表征、氢脆的分类和机制以及相关研究案例分析；第5章介绍了马氏体不锈钢应力腐蚀与氢脆的防护，具体内容有应力腐蚀的防护策略、氢脆的防护策略、相关法规与标准以及未来展望。

本书的出版得到了西安石油大学优秀学术著作出版基金及陕西省教育厅专项科研计划项目一般项目(No. 22JK0507)的资助，在此表示衷心的感谢。

由于作者水平有限，本书难免存在不足和疏漏，恳请广大读者批评指正。

CONTENTS

# 目录


第1章　马氏体不锈钢概述 …… (1)

1.1　马氏体不锈钢的成分 …… (1)

1.2　马氏体不锈钢的种类 …… (5)

1.3　马氏体不锈钢的组织 …… (9)

1.4　马氏体不锈钢的热处理及对耐腐蚀性能的影响 …… (14)

第2章　马氏体不锈钢的性能与应用 …… (19)

2.1　马氏体不锈钢的性能 …… (19)

2.2　马氏体不锈钢的应用 …… (25)

2.3　马氏体不锈钢的未来发展趋势 …… (39)

第3章　马氏体不锈钢的应力腐蚀 …… (45)

3.1　马氏体不锈钢应力腐蚀概述 …… (45)

3.2　马氏体不锈钢应力腐蚀研究案例分析 …… (64)

3.3　马氏体不锈钢应力腐蚀工程案例分析 …… (74)

**第 4 章　马氏体不锈钢的氢脆** ……………………………………（79）
4.1　马氏体不锈钢氢脆概述 ……………………………………（80）
4.2　马氏体不锈钢氢脆研究案例分析 ……………………………（95）

**第 5 章　应力腐蚀与氢脆的防护** ……………………………………（112）
5.1　应力腐蚀的防护策略 ……………………………………（112）
5.2　氢脆的防护策略 ……………………………………（118）
5.3　应力腐蚀与氢脆防护的法规与标准 ………………………（124）
5.4　结论与展望 ……………………………………（127）

**参考文献** ……………………………………（130）

# 第1章 马氏体不锈钢概述

金属材料是人类很早就可以开采与利用的一类材料，也是目前世界上普遍使用的材料。金属材料一般分为黑色金属材料和有色金属材料两大类。钢铁材料是黑色金属材料的一类，也是最常见、最重要的一种金属材料。其中，不锈钢由于具有良好的耐腐蚀特性，广泛应用于工业生产及日常生活的方方面面。

不锈钢是指可以抵抗空气、水和蒸汽等弱腐蚀介质，以及酸、碱、盐等强腐蚀介质的耐腐蚀钢种。自20世纪初期问世以来，无论是在工业生产还是日常生活中，不锈钢材料均扮演着十分重要的角色。不锈钢的“不锈”能力，得益于合金元素铬(Cr)的添加。当铬元素的含量添加到一定比例时，合金表面易生成一层致密牢固的氧化膜，可以保护金属基体免受腐蚀的破坏。不锈钢的种类繁多，性能各异，通常根据钢中的组织结构将其分为铁素体不锈钢、奥氏体不锈钢、马氏体不锈钢以及双相不锈钢。其中，马氏体不锈钢由于具有良好的力学性能，因而被广泛用于制造螺栓、叶片以及外科手术刀等部件与器械，以发挥其高强度与高硬度的优势。

## 1.1 马氏体不锈钢的成分

实际使用的马氏体不锈钢钢种通常会添加一系列合金元素。合金元素的添加使得钢材在熔炼、成型及后续的热处理过程中发生不同的相变作用，可有效改变不锈钢的微观组织与结构，进而改善或增进钢材的某些特定性能。常见的添加元素有碳、铬、镍、锰、钼、铜、铝等。

### 1.1.1 马氏体不锈钢中的碳元素

碳是钢中普遍存在的添加元素，其对于钢材的组织与性能具有决定性影响。图 1.1 为铁碳相图。一般来讲，碳在钢中的主要作用有：调控钢中组织，如控制铁素体、渗碳体含量，稳定奥氏体相等；与合金元素形成碳化物；改变合金力学性能、耐蚀性能，影响疲劳抗性等。通常情况下，碳含量的增加可以提高钢材的强度与硬度，但与此同时其塑性及韧性会有所下降。此外，过高的碳含量会导致材料耐蚀腐性变差，因此在实际使用中，应根据具体情况选择合适的碳含量。

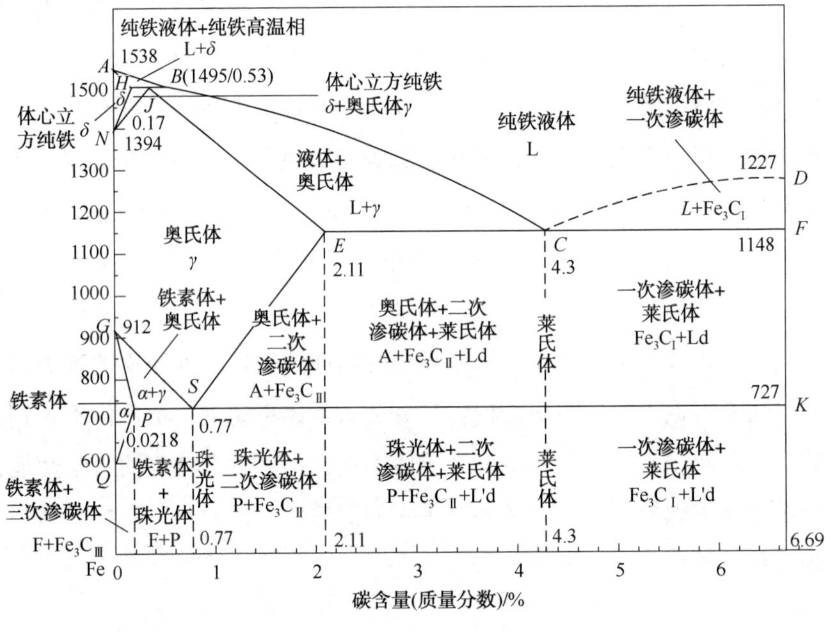


图 1.1 铁碳相图

### 1.1.2 马氏体不锈钢中的铬元素

铬元素是不锈钢中不可或缺的重要成分。不锈钢的抗腐蚀能力，主要得益于铬的添加。铬固溶于钢中可以提高电极电位，增强合金的抗电化学腐蚀能力。铬的存在也使钢的表面易于生成一层致密牢固的氧化膜，从而保护基体免受腐蚀侵害。钢中的铬元素也可以形成碳化物，弥散分布的碳化物可提高合金的强韧性。此外，铬元素还可以增加马氏体不锈钢的淬透性。

图 1.2 为铁铬相图，从图中可看出，随着铬含量的增加，合金的 C 曲线(奥氏体转变曲线)向右偏移。这降低了合金发生马氏体转变时所需的冷却速度，使得合金可以更容易获得马氏体组织，减少马氏体不锈钢中的残余奥氏体组织，优化了材料的力学性能。

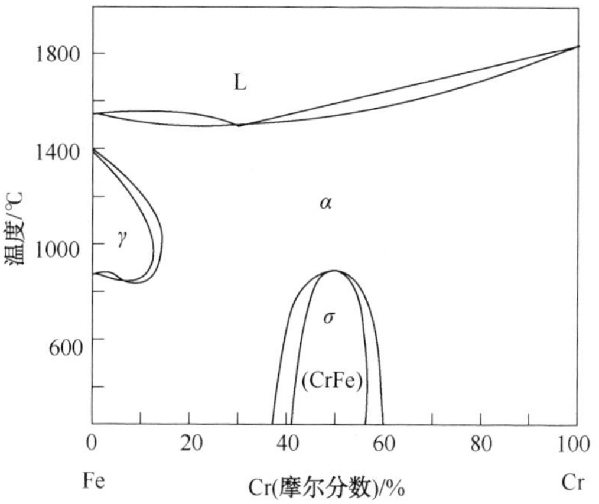


图 1.2　铁铬相图

### 1.1.3　马氏体不锈钢中的镍元素

镍是奥氏体相稳定化元素。随着镍元素含量的增加，钢中组织更容易以奥氏体相 γ-Fe 的形式存在。合金中的镍元素含量须适中：量太少，合金在高温固溶处理时难以形成稳定的奥氏体相；量太多，在后续淬火中容易出现不完全转变为马氏体的奥氏体相。除此之外，镍元素的存在同样可以提高合金的抗腐蚀性能，同时也能增加合金的强韧性。一些研究表明，合金表面钝化膜中存在的镍元素对于提升材料的耐腐蚀性具有积极作用。

### 1.1.4 马氏体不锈钢中的其他元素

(1) 锰元素

锰元素作为合金中常见的添加元素，广泛应用于钢材的脱氧与脱硫。除此之外，锰的加入也可以起到稳定奥氏体相的作用，同时提高合金的淬透性。锰含量达到一定比例时，合金的强度与韧性增强，硬度及耐磨性能突出。不过，较高的锰含量会导致合金耐腐蚀性能降低，同时也会增加材料的回火脆性倾向。

(2) 钼元素

钼也是钢中常见的添加元素，其在钢中起着很多重要作用。钼可以提高合金的淬透性，也能防止钢材出现回火脆性。同时，钼元素也可以增加钢的强韧性，提高其耐磨性能。不锈钢中加入钼元素，可以进一步优化钢材的抗腐蚀性能，并使合金在某些腐蚀介质中的点蚀现象得到抑制。

(3) 铜元素

不锈钢中添加铜元素可以增加钢材的强度。铜在铁中的固溶度不是很大，且不与钢中的碳元素生成碳化物。在不锈钢中添加适量的铜元素，通过时效处理析出弥散分布的富铜相颗粒，可以对材料进行强化。铜的添加对于增强合金的韧性及抗疲劳性能也有一些积极影响。此外，含铜的钢材也具有其他一些特定应用价值，如抵抗某些特定的酸类腐蚀环境，以及作为抗菌材料在一些环境中发挥作用。图 1.3 为铁铜相图。

(4) 铝元素

铝元素添加在合金中，可以作为炼钢的脱氧剂。同时，铝的加入也能起到细化晶粒的作用。铝元素对于不锈钢的强化也具有显著影响。钢中的铝与镍可以生成镍铝相，这些细小的、弥散分布的析出相可以有效增强材料的强度。值得注意的是，钢中铝的添加量不能过多，否则会增加钢的石墨化倾向。

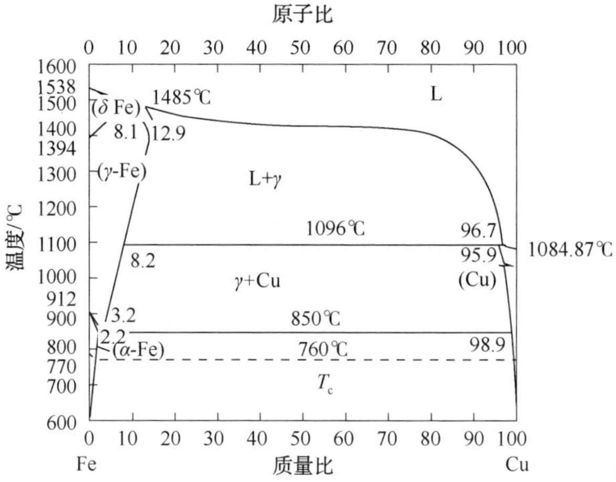


图 1.3 铁铜相图

## 1.2 马氏体不锈钢的种类

马氏体不锈钢是一种在不锈钢领域中占据重要地位的材料，其独特的化学成分和强化机理赋予其卓越的性能，使得它在各种工业应用中扮演着关键角色。根据化学成分的不同，马氏体不锈钢主要分为马氏体铬钢和马氏体铬镍钢两大类；而根据组织和强化机理的差异，则分为马氏体时效不锈钢和沉淀硬化型马氏体不锈钢等。

(1) 马氏体铬钢

马氏体铬钢是一种特殊的合金钢，它以铬作为主要合金元素，结合了马氏体的组织特性。这种钢材因其独特的物理和化学性质，在工业领域有着广泛的应用。马氏体铬钢经过热处理后，可以获得极高的硬度和强度，这使得它在承受重载和高压的环境下表现出色。由于高硬度的特性，马氏体铬钢在与其他材料接触时，能够抵抗磨损，保持较长的使用寿命。铬元素的加入使马氏体铬钢具有一定的耐腐蚀性，尽管这种耐腐蚀性相对于其他类型的不锈钢来说较弱，但在一些特定环境下仍然能够表现出良好的性能。与其他钢材相比，马氏体铬钢的塑性和韧性相对较低，这在一定程度上限制了它的应用范围。

马氏体铬钢常用于制造对硬度和耐磨性要求极高的零件，如刀具、模具、轴承等。这些零件在工业生产中扮演着至关重要的角色，它们需要承受重载、高速摩擦和频繁地使用，马氏体铬钢正是这些极端条件下的理想选择材料。总体而言，马氏体铬钢以其高硬度、高强度、良好的耐磨性和一定的耐腐蚀性，在工业生产中占据重要地位。尽管其塑性和韧性相对较低，但这并不妨碍它在特定领域内的广泛应用。

(2) 马氏体铬镍钢

马氏体铬镍钢是一种在马氏体铬钢的基础上添加了镍元素的不锈钢。镍的加入不仅改善了钢的塑性和韧性，还显著提高了其耐腐蚀性，这使得马氏体铬镍钢具备出色的综合性能。

镍的添加使得马氏体铬镍钢在多种腐蚀环境中表现出色，尤其是在氯化物环境、酸性环境和高温环境下，其耐腐蚀性尤为突出。这使得马氏体铬镍钢成为化工、原油开采、海洋工程等领域的理想材料。马氏体铬镍钢具有较高的强度和硬度，同时保持了良好的韧性。这使得它能够承受重载和高压，满足各种复杂和严苛的工作环境要求。马氏体铬镍钢易于切削、焊接和成型，能够满足各种复杂形状和尺寸的要求。这使得马氏体铬镍钢在制造过程中具有较高的灵活性和可加工性。

由于马氏体铬镍钢具有上述优点，它广泛应用于石油、化工、船舶、海洋工程等领域，制造各种需要高强度、高硬度和一定耐腐蚀性的零件，如压力容器、化学设备、管道、阀门、船舶结构件等。此外，它还被用于制造一些需要具有耐磨性能的部件，如刀具、轴承等。

(3) 马氏体时效不锈钢

马氏体时效不锈钢是一种高性能的不锈钢钢种，它的强化机理主要是通过时效处理来实现的。时效处理是在较低的温度下对钢材进行长时间的保温处理，使钢材中的合金元素以金属间化合物的形式析出，从而达到增强钢材强度的目的。

马氏体时效不锈钢具有许多优点，包括高强度、高韧性、低硬化指数和良好的成形性。这些优点使得它在航空、航天、机械制造、原子能等重要领域有着广泛的应用。

在化学成分上，马氏体时效不锈钢通常具有较低的碳含量(一般小于或等于0.03%，最好小于或等于0.01%)，以保证良好的韧性和塑性。同时，它还需要有足够的铬含量(大于12%，至少不低于10%)，以保证钢材的不锈性和耐蚀性。此外，为了获得满意的强化效果，还需要添加适量的强化元素，如镍、铝、钛、钼、铌、铍、铜等。

值得注意的是，马氏体时效不锈钢在某些条件下可能更容易产生裂纹，例如在焊接或加工过程中。这需要额外的质量控制和预防措施以确保材料的完整性和可靠性。此外，马氏体时效不锈钢的性能在很大程度上取决于热处理工艺。不恰当的热处理可能导致材料的性能下降或不稳定。因此，需要精确控制热处理参数以获得最佳性能。

(4) 沉淀硬化型马氏体不锈钢

沉淀硬化型马氏体不锈钢综合了马氏体相变强化以及析出强化这两者的优点，具有高强度、高韧性等特性，广泛应用于航空航天、海洋、核能发电等领域。相较于普通的马氏体不锈钢，沉淀硬化型马氏体不锈钢的含碳量很低，而合金元素的占比较大，因此，制造成本也要高于普通的马氏体不锈钢。国外针对沉淀硬化型马氏体不锈钢的研发较早，相关牌号有美国公司研发的 Custom 系列沉淀硬化型马氏体不锈钢等。我国对于沉淀硬化型马氏体不锈钢的研究起步较晚，开发出的新型钢种有 00Cr13Ni8Mo2NbTi 等。表 1.1 所给出的是目前常见的一些沉淀硬化型马氏体不锈钢的牌号及成分。

**表 1.1 常见的沉淀硬化型马氏体不锈钢的牌号及成分(质量分数)** %

| 牌号 | C | Cr | Ni | Mo | Ti | Al | Cu |
|---|---|---|---|---|---|---|---|
| 17-4PH | ≤0.07 | 15.5~17.5 | 3.0~5.0 | — | — | — | 3.0~5.0 |
| 15-5PH | ≤0.07 | 14.0~15.5 | 3.5~5.5 | — | — | — | 2.5~4.5 |
| PH13-8Mo | ≤0.05 | 12.5~13.5 | 7.5~8.5 | 2.0~2.5 | — | 0.9~1.2 | — |
| Custom450 | ≤0.05 | 14.0~16.0 | 5.0~7.0 | 0.5~1.0 | — | — | 1.3~1.7 |
| Custom455 | ≤0.05 | 11.0~12.5 | 7.5~9.5 | — | 1.0~1.5 | — | 2.0~2.5 |
| AM-363 | ≤0.05 | 11.0~11.5 | 4.0~5.0 | — | 0.3~0.5 | — | — |

由合金成分可知，沉淀硬化型马氏体不锈钢的 C 含量通常小于 0.07%，而 Cr 含量高于 11%，但一般不高于 18%。由于 C 含量较低，因此合金中会加入适量的 Ni 来扩大奥氏体相区。沉淀硬化型马氏体不锈钢中另一种重要的组成部分就是沉淀硬化元素，如 Mo、Ti、Al、Cu 等元素。这一类元素添加到合金中，在合适的热处理条件下，可以使合金中析出沉淀相，如富铜 $\varepsilon$ 相、NiAl 相以及 $Ni_3Ti$ 相等。热处理工艺对于马氏体不锈钢中沉淀相的析出至关重要。其中，时效处理对于沉淀相的析出和生长起关键作用。表 1.2 给出了一些沉淀硬化型马氏体不锈钢的主要析出相以及合适的时效温度。表 1.3 是沉淀硬化型马氏体不锈钢的力学性能参数。

**表 1.2　沉淀硬化型马氏体不锈钢的析出相与时效温度**

| 牌号 | 析出相 | 时效温度/℃ |
|---|---|---|
| 17-4PH | $\varepsilon$-Cu | 480~600 |
| 15-5PH | $\varepsilon$-Cu | 450~580 |
| PH13-8Mo | NiAl | 540~640 |
| Custom450 | $NbNi_3$，Nb(C，N) | 420~540 |
| Custom455 | $Ni_3Ti$，(Ni，Fe)2Ti | 450~600 |

**表 1.3　沉淀硬化型马氏体不锈钢的力学性能参数**

| 牌号 | 抗拉强度/MPa | 伸长率/% |
|---|---|---|
| 17-4PH | 1320 | 15 |
| 15-5PH | 1350 | 14 |
| PH13-8Mo | 1520 | 12 |
| Custom450 | 1360 | 13 |
| Custom455 | 1650 | 10 |

由表 1.3 中力学性能数据可知，沉淀硬化型马氏体不锈钢的强度高、塑性较好，在一些要求较高的环境中可以发挥其优势。但是，在应力与腐蚀的共同作用下，这类型材料存在着脆性断裂失效的可能。有文献指出，应用在石油及天然气生产中的、采用 17-4PH 马氏体不锈钢所制的压力安全阀弹簧会发生非正常断裂

失效。经过分析可知，该弹簧的断裂为脆性断裂，断口存在小气孔与晶间断裂形貌，具有氢脆断裂的特性。腐蚀过程中所产生的氢是材料发生氢脆断裂的重要原因。根据失效分析结果，建议该弹簧部件改用抗氢脆性能较好的材料，如 Inconel 718 合金。此外，针对 15-5PH 马氏体不锈钢疲劳性能的研究表明，随着氢压的增加，15-5PH 钢材的疲劳裂纹扩展速率将增大。这说明氢对于沉淀硬化型马氏体不锈钢的抗疲劳性能有不利影响。结合这些研究工作，我们知道虽然马氏体不锈钢对于常规腐蚀具有较好的抵抗能力，但是在受力条件下，其发生脆性腐蚀开裂的可能性将大大增加。因此，在实际应用中必须加以注意，同时也值得我们针对此类问题进行更多的研究。

## 1.3 马氏体不锈钢的组织

对于马氏体不锈钢，常规的热处理工艺为固溶处理与时效处理，即通过淬火与回火得到马氏体组织。在淬透性较好的情况下，材料的组织基本上以板条马氏体为主。同时，合金材料中也存在着其他的组织或析出相。这些结构对于材料的性能及应用产生诸多影响，现就一些常见的组织与结构进行说明。

### 1.3.1 板条马氏体

在低碳马氏体不锈钢中，马氏体组织呈板条状(见图 1.4)，因此称之为板条马氏体，用以区别高碳的针状马氏体组织。板条马氏体为体心立方结构，由高温固溶处理中的原奥氏体相转变生成，其内部具有很高的位错密度。板条马氏体具有高强度与高硬度的特点。得益于此，与其他种类的不锈钢相比，板条马氏体不锈钢具有良好的力学性能。随着钢中碳含量的增加，板条马氏体组织的硬度会进一步上升，与此同时，材料塑性及韧性会有部分损失。原奥氏体晶粒尺寸对于马氏体组织的性能也具有一定的影响。细小的原奥氏体晶粒可以得到较小的马氏体板条束，这有利于阻碍位错的运动，从而对马氏体组织进行强化。

图 1.4　板条马氏体 TEM 图片

### 1.3.2　δ-铁素体

δ-铁素体，又称高温铁素体，是一种高温时就存在于钢中的组织。钢材的设计成分中奥氏体相稳定元素不足，或铁素体相稳定元素过多，或在制造过程中发生成分的偏析，都会导致出现 δ-铁素体相，并被保留在最后的合金材料组织中。这种组织在后续的热处理或成型加工中较难被消除。δ-铁素体对于不锈钢的性能通常具有不利影响，它的存在会导致材料强度的损失，以及抗疲劳及抗腐蚀性能的降低。因此，在设计材料的成分时，应考虑奥氏体相稳定元素及铁素体相稳定元素的平衡关系。图 1.5 是一种马氏体不锈钢的金相图，δ-铁素体组织在图中呈现浅色，分布在原奥氏体晶界上，形成网状结构。

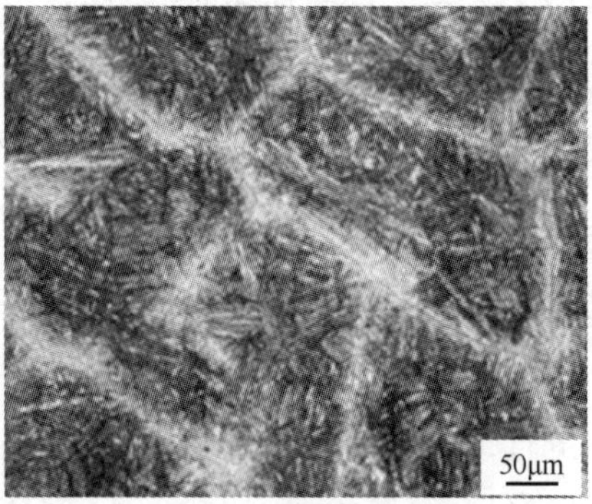


图 1.5　马氏体不锈钢中的 δ-铁素体组织

### 1.3.3 奥氏体

奥氏体相在马氏体不锈钢中会有一定比例的存在。一者，淬火过程中奥氏体不会全部转变为马氏体，奥氏体或多或少会在基体中存留一部分。此类因未转变为马氏体而保留在材料中的奥氏体被称为残余奥氏体。二者，在回火时效过程中，基体中奥氏体组织可由马氏体组织转变得到。此类奥氏体富含碳、镍元素，可在室温下稳定存在，为与残余奥氏体进行区别，故称之为逆变奥氏体。

图 1.6 所示是马氏体基体中的残余奥氏体。残余奥氏体一般呈长条薄片形状，沿着马氏体板条界分布。合金元素的比例以及碳含量对钢中的残余奥氏体数量有重要影响。热处理过程中的淬火速率对于残余奥氏体的生成也至关重要，当淬火速率不足时，会有更多的残余奥氏体出现在基体中。一般认为，马氏体不锈钢中的残余奥氏体含量应当控制在一定比例之下，否则会影响材料的硬度，使得材料耐磨性能受损。不过，某些情况下少量存在的残余奥氏体可以降低应力集中影响，提高钢材的强韧性。

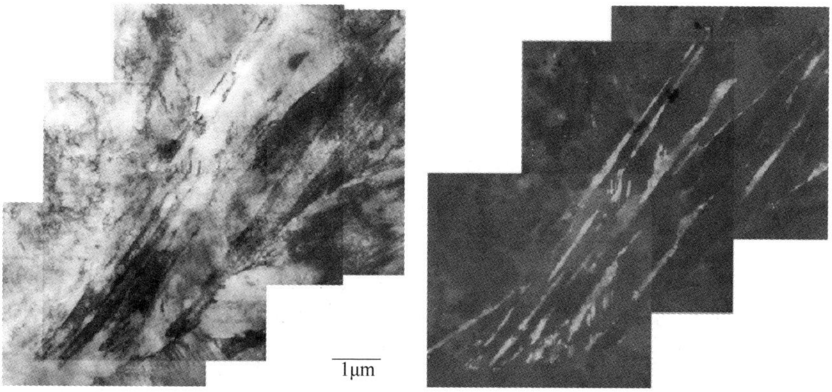


图 1.6　马氏体基体中的残余奥氏体

淬火处理后得到的马氏体组织，在适当的回火处理下，有发生奥氏体转变的趋势，也就是说，在马氏体基体中会生成逆变奥氏体。图 1.7 给出了逆变奥氏体在马氏体基体中的存在情况。由于逆变奥氏体是从马氏体转变而来，因此其会呈块状生成在马氏体板条内。逆变奥氏体的存在可以带来诸多好处，例如提高材料的强韧性、焊接性以及耐蚀性等。此外，相较于残余奥氏体，逆变奥氏体的热稳定性更好，在服役过程中不会轻易发生分解与转变。因此逆变奥氏体不会像残余奥氏体一样容易引发由内应力导致的提前开裂。

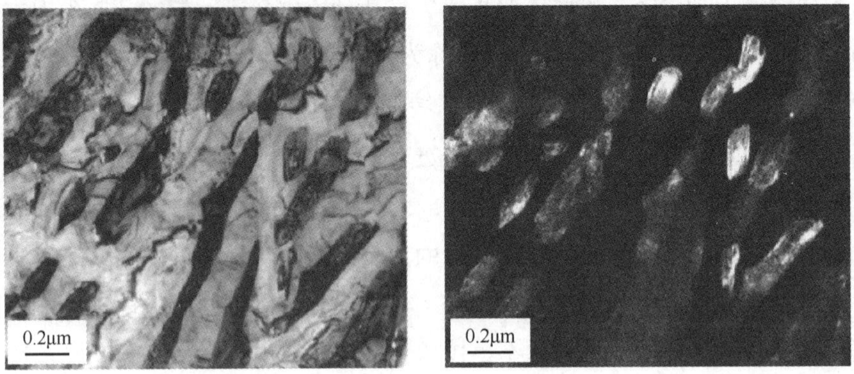


图 1.7　马氏体基体中的逆变奥氏体

## 1.3.4　碳化物

碳化物也是马氏体不锈钢中的常见相，碳含量较高的不锈钢，其基体内更易于生成碳化物。马氏体不锈钢中的碳化物有 $M_{23}C_6$、$M_7C_3$、$M_3C$ 及 MC 型等。其中 $M_{23}C_6$ 型碳化物较为常见，它是一种以铬、铁元素为主的复杂立方结构碳化物。$M_{23}C_6$ 型碳化物的硬度在 1100~1500HV，具有较高的热力学稳定性。钢中的 $M_{23}C_6$ 碳化物一般在晶界处形成，它会消耗掉晶界处的铬元素，造成贫铬区的出现，降低钢材的耐晶间腐蚀性能。因此在实际生产中，需要注意控制此类碳化物的数量。钢材的合金成分对 $M_{23}C_6$ 型碳化物的生成具有重要影响。碳元素含量减少可以抑制碳化物的形成，而钒、钛等元素的添加可以使钢中形成 MC 型碳化物，消耗掉碳元素，起到抑制 $M_{23}C_6$ 型碳化物生成的作用。

## 1.3.5　夹杂物

钢中的夹杂物作为独立的相，普遍存在于钢铁材料中。夹杂物会破坏钢中组织结构的连续性，同时也会加大钢中组织的不均匀性，因此钢材的力学性能、耐腐蚀性能以及一些物理性能会被影响，导致材料性能退化，严重时制约材料的应用。例如钢中的夹杂物会导致应力集中，引起材料的非正常断裂，也会增加发生疲劳断裂的可能性。在夹杂物较多且分布不均匀的条件下，钢中夹杂物会明显降低钢的塑性、韧性、焊接性以及耐腐蚀性。因此，夹杂物的数量和分布被认定是评定钢材质量的一个重要指标，并且被列为优质钢和高级优质钢出厂的常规检测项目之一。夹杂物的性质、数量、大小、形状、分布对钢性能的影响各不相同，因此提高钢材质量，控制夹杂物数量、性质和形态，是冶炼和铸锭过程中的艰巨任务。对于生产企业来说，如何正确判断和鉴定夹杂物也十分重要。图 1.8 为金相显微镜下钢中夹杂物的形貌。

图 1.8 金相显微镜下钢中夹杂物的形貌

夹杂物对于合金的性能有着非常重要的影响。钢中夹杂物分为外来夹杂物与内生夹杂物。前者一般是炼钢中的耐火材料或熔渣等混入钢液中残留下来的杂质，后者是在熔炼过程中合金内部自身形成的化合物或脱氧产物。根据所含化学成分，又把夹杂物分为氧化物夹杂、硫化物夹杂以及氮化物夹杂。钢中夹杂物的尺寸对于材料的力学性能有显著影响。通常来讲，夹杂物尺寸较大会损害材料的韧性。相关研究表明，高强度钢中夹杂物的尺寸小于 1μm 时，疲劳裂纹不会形核于夹杂物处或夹杂物团簇区域内，此时疲劳裂纹的形核位置将转向富碳区。除尺寸因素外，钢中夹杂物是否可变形的特点对于材料在服役中的可靠性也有着重要影响。具有脆性特质的夹杂物（如 $Al_2O_3$、$SiO_2$夹杂物等）在材料受力作用下不会随着基体发生形变，此时微裂纹较易在夹杂物与基体的界面形核。而对于可变形夹杂物（如硫化物、低熔点硅酸盐类夹杂物等），在材料受力时可随基体一同发生形变，从而降低裂纹形核概率。如图 1.9 所示，在拉伸过程中，钢中夹杂物与基体的界面处容易出现裂纹形核，并垂直于拉伸方向进行扩展。

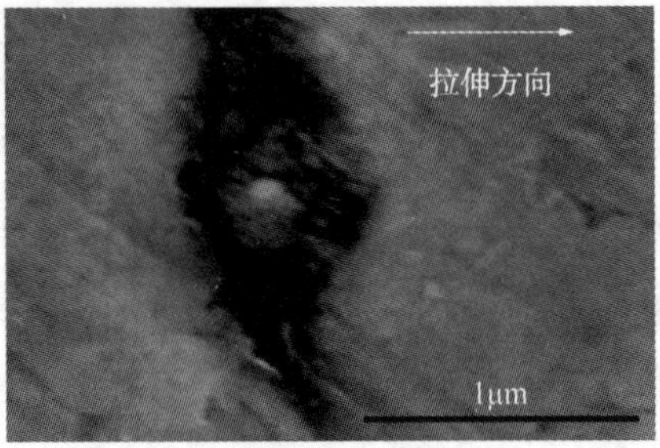


图 1.9　受力时夹杂物处裂纹的形核与扩展

## 1.4　马氏体不锈钢的热处理及对耐腐蚀性能的影响

### 1.4.1　马氏体不锈钢的热处理工艺

(1) 马氏体不锈钢的热处理

马氏体不锈钢具有良好的淬火性能，即使是截面积很大的工件，也可在空冷条件下实现淬火硬化。

马氏体不锈钢中的合金元素可改变马氏体转变开始温度（$M_s$ 点温度）。其中碳的影响尤为显著，碳浓度高时，$M_s$ 点向低温方向移动，易生成残留奥氏体。以 13%Cr 钢为例，在淬火加热温度为 1180℃时，碳含量大于 0.80%的情况下，$M_s$ 点降至室温以下，生成物为过冷奥氏体相组织。由于随之生成了残留奥氏体，因此淬火硬度也出现降低，对于高碳马氏体不锈钢来说，为避免该现象的发生和残留奥氏体相变引起的尺寸变化，需在淬火后进行低温处理以尽量减少残留奥氏体的存在。其他金属元素对 $M_s$ 点也具有一定的影响。如图 1.10 所示，随着不同种类金属元素含量发生变化，马氏体钢的 $M_s$ 点温度也会发生相应的改变。其中，铝和钴元素的添加会升高 $M_s$ 点温度，而镍和铬元素会降低 $M_s$ 点温度。

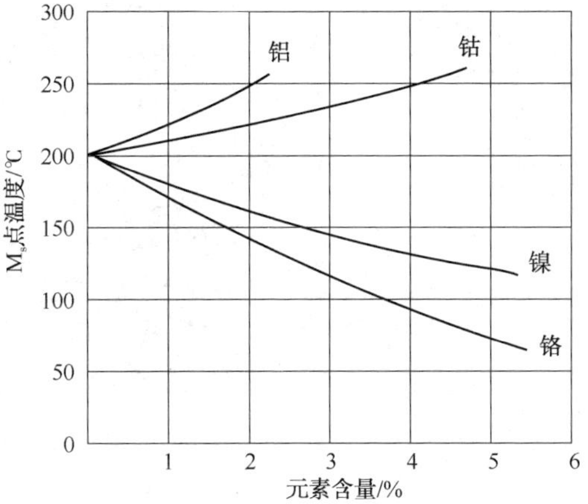


图 1.10 元素含量对 $M_s$ 点温度的影响

对于马氏体不锈钢，淬火处理后还需进行回火处理。一般将这两者连在一起统称为淬火-回火处理。进行回火处理的目的是将由奥氏体相变得到的马氏体进行回火，改善马氏体不锈钢的拉伸性能，获得较高的持久强度和屈强比。回火处理后，在其基体中过饱和固溶的碳形成碳化物析出，且随时间的延长逐渐形成稳定相。在实际热处理加工中，采用低温回火还是采用高温回火，需要依据成分和使用目的进行选择。低碳马氏体不锈钢在440~540℃进行回火时显著变脆，发生二次硬化。由于此问题的产生不是由夹杂元素的偏析而导致，因此，为了同时照顾到拉伸强度、韧性和耐腐蚀性能，应尽可能在高温下进行回火，或通过添加钼、钨和钒等元素来改善性能。图1.11为马氏体不锈钢的热处理。

沉淀硬化型马氏体不锈钢是马氏体不锈钢中常见的一种，该类钢材的热处理工艺具有一定的特点。通过固溶处理和时效处理，沉淀硬化型马氏体不锈钢可以获得较高的强度和硬度，满足对材料性能的高要求。此外，通过热处理可以调整其组织状态，提高耐腐蚀性能。

在沉淀硬化型马氏体不锈钢热处理工艺的制定中，固溶热处理的加热温度应控制在适当范围内，过高或过低的温度都会影响材料的性能。特别是加热温度不宜过高，否则会使组织中铁素体量增多、$M_s$ 点下降、残留奥氏体增多、硬度下降，导致热处理效果不好。固溶热处理后的冷却方式通常为水冷或油冷，以确保

图 1.11　马氏体不锈钢的热处理

获得板条状马氏体基体。然而，对于某些特殊要求的材料，可能需要采用其他冷却方式。时效处理的温度和时间应严格控制，以获得理想的析出相和机械性能。不同的时效温度和时间会导致不同的机械性能。

此外，沉淀硬化型马氏体不锈钢对表面缺陷较为敏感，因此在加热前应确保材料表面无划痕等缺陷，以避免在锻造过程中扩展成裂纹。锻造后应及时进行退火处理，以消除内应力并防止开裂。退火温度和时间应根据材料的厚度和性能要求进行调整。

(2) 钢铁材料的物相鉴别

钢铁材料在热处理后，根据热处理种类和材料的不同，组成物可能由一种或多种物相构成。如单一马氏体、马氏体+残余奥氏体、单一珠光体、单一奥氏体、铁素体+珠光体、铁素体+马氏体+碳化物等。一般来讲，不同的组成物有着不同的形态特征，利用这些特征，可以快速识别组成物是哪一类。不同的组成物受溶液浸蚀的程度不同，其在金相显微镜下具有不同的明暗程度或不同的色彩差。此外，不同组成物形成的先后顺序不一样，其形态也不一样，最先形成的总是从奥氏体晶界开始形核；各组成物形成的原理不一样，形态也有所差异。通过这些就可以判别被观察物的组成种类。在大多数情况下，能够观察到几种不同明暗程度或几种不同形态的部分，就可以判定有几种组成物。图1.12为马氏体不锈钢的金相图，该试样腐蚀程度适中，晶粒特征明显。此外，图中可以明显观察到典型板条马氏体组织。

图1.12　马氏体不锈钢的金相图

组成物的形态是我们判别组成物极其重要的依据之一。一些特定组织具有极显著的特征，如典型的珠光体具有层片状（或称指纹状）特征，很容易分辨其为珠光体；羽毛状物是上贝氏体；白色的块状物为铁素体或奥氏体；黑色针状物为马氏体或下贝氏体；沿晶界分布的白色块状或针状物为铁素体或碳化物。

要观察组织物是片状、针状、块状、颗粒状、条状、网状还是其他形状，有时要精细观察是单一相还是复合相。在观察中要注意试样的浸蚀程度，只有合理地浸蚀，各种组织才会正确地显现出来。同时，制样也很关键，错误的制样可能导致对组成物的错误判断。由于制样和浸蚀问题，导致的错误判断屡见不鲜。在观察中还要注意，对于观察到的白色或黑色物，不要轻易就认为是一种组成物。白色物相，可能是奥氏体或铁素体，也有可能是碳化物；黑色物相，可能由于其极为细密，在常规倍数下观察根本无法区分。

### 1.4.2 热处理对马氏体不锈钢耐腐蚀性能的影响

热处理工艺对马氏体不锈钢耐腐蚀性能具有重要影响。固溶处理与时效处理是马氏体不锈钢的主要热处理工艺。对于固溶处理工艺，不同的固溶温度以及固溶时间对不锈钢组织和耐腐蚀性能均有较大影响。一般来讲，固溶温度越高，马氏体不锈钢的原奥氏体晶粒尺寸越大，晶界占比越小，材料的耐腐蚀性就越强。对于固溶处理时间，研究表明，在相同固溶温度下，固溶处理时间越长，试样耐晶间腐蚀性能越好。

超低碳 13%Cr 马氏体不锈钢淬火后在 500~600℃ 进行时效处理时，不锈钢的晶间腐蚀敏感系数会随着时效温度的升高而升高。亚稳奥氏体 Cr-Mn-Ni-N-Cu 高强度不锈钢在 600~750℃ 进行时效处理时，不锈钢晶间腐蚀敏感系数随着时效温度的升高而升高，超过 750℃ 则会随着时效温度的升高而下降。也有研究表明，随着时效时间的延长，低碳马氏体不锈钢的强度先上升后下降，延伸率呈不断上升的趋势，强塑积先增大后减小，当时效时间为 60min 时，不锈钢强塑积达到最大。

值得注意的是，热处理工艺对于马氏体不锈钢耐腐蚀性能的影响呈现出不确定性，针对不同牌号及不同组织结构的马氏体不锈钢，需进行具有针对性的研究，以进一步确定热处理工艺参数对不锈钢材料性能的具体影响。

# 第 2 章　马氏体不锈钢的性能与应用

不锈钢作为一种重要的金属材料，在各个领域都发挥着不可替代的作用。其中，马氏体不锈钢以其独特的性能特点，成为不锈钢家族中的重要一员。马氏体不锈钢具有高强度、高硬度、良好的耐磨性和耐腐蚀性等特点，这使得它在许多领域都有着广泛的应用前景。此外，马氏体不锈钢还具有良好的加工性能和焊接性能，能够满足不同工艺需求。无论是在石油化工、机械制造、电力能源等工业领域，还是在建筑、交通运输、医疗器械等民用领域，马氏体不锈钢都发挥着重要的作用。特别是在一些对材料性能要求较高的场合，如高温高压环境、强腐蚀性介质等，马氏体不锈钢更是凭借其卓越的性能表现得到了广泛应用。随着科技的不断进步和工艺的不断改进，马氏体不锈钢的性能将得到进一步提升，应用领域也将更加广泛。同时，我们也需要关注环保和可持续发展的问题，推动马氏体不锈钢在绿色制造和循环经济方面的发展。

## 2.1　马氏体不锈钢的性能

### 2.1.1　物理性能

马氏体不锈钢独特的组织结构赋予了其一系列优越的物理性能，这些性能使得它在众多应用场景中脱颖而出。

首先，马氏体不锈钢具有优异的比强度。密度和强度是材料的常见物理属性，决定了其在应用中的重量和负载能力。马氏体不锈钢的密度适中，力学性能优异，因此具有较为突出的比强度。既保证了足够的结构强度，又避免了因过重而带来的不便。这使得它在需要承受一定负荷的同时又要求轻量化的场合，如航空航天和汽车制造等领域，具有广泛的应用价值。

其次，马氏体不锈钢的热膨胀系数相对较低。热膨胀系数是材料在温度变化时体积或尺寸变化的度量。马氏体不锈钢的低热膨胀系数意味着它在高温环境下能够保持较为稳定的尺寸和形状，减少了因温度变化引起的形变和应力集中。这一特性使得马氏体不锈钢在高温工作环境中具有出色的稳定性，如石油化工设备和热处理工具等。

最后，马氏体不锈钢还表现出良好的电导率和热导率。电导率是材料传导电流的能力，而热导率则是材料传导热量的能力。马氏体不锈钢在这两方面的性能都较为出色，使得它在需要高效电热传导的场合，如电子设备和热交换器(图 2.1)等，具有潜在的应用价值。

图 2.1　马氏体不锈钢热交换器

## 2.1.2　机械性能

马氏体不锈钢作为一种高强度、高硬度的金属材料，其机械性能在众多不锈钢类型中尤为突出。

首先，马氏体不锈钢拥有卓越的高强度特性。图2.2为马氏体不锈钢的拉伸曲线，图中马氏体不锈钢具有较好的强度与塑性。这主要归功于其独特的合金元素组成和热处理工艺。通过调整合金元素的含量和热处理条件，马氏体不锈钢可以获得极高的抗拉强度和屈服强度。这使得它在承受高负荷、高压力的环境下，如建筑结构、桥梁支撑以及重载设备等方面具有出色的表现。

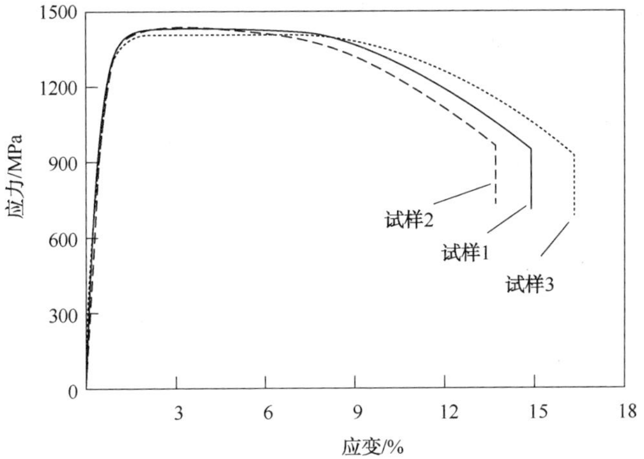


图2.2　马氏体不锈钢的拉伸曲线

其次，马氏体不锈钢的硬度也是其机械性能的一大亮点。通过热处理工艺，如淬火和回火，可以显著提高马氏体不锈钢的硬度，使其具备出色的耐磨性和耐刮擦性。这一特性使得马氏体不锈钢在制造切削工具、轴承、齿轮等需要高硬度的零部件时具有显著优势。

最后，马氏体不锈钢还表现出良好的韧性和延展性。尽管其强度和硬度较高，但马氏体不锈钢在受到冲击或外力作用时仍能保持一定的变形能力，不易发生脆性断裂。这种韧性使得马氏体不锈钢在承受复杂应力和变形条件下仍能保持良好的性能稳定性。然而需要注意的是，马氏体不锈钢的焊接性能相对较差。由于其含碳量较高，焊接时容易出现裂纹和脆化现象(图2.3)。因此，在焊接马氏体不锈钢时，需要采取特殊的工艺措施和焊接材料，以确保焊接接头的质量和性能。

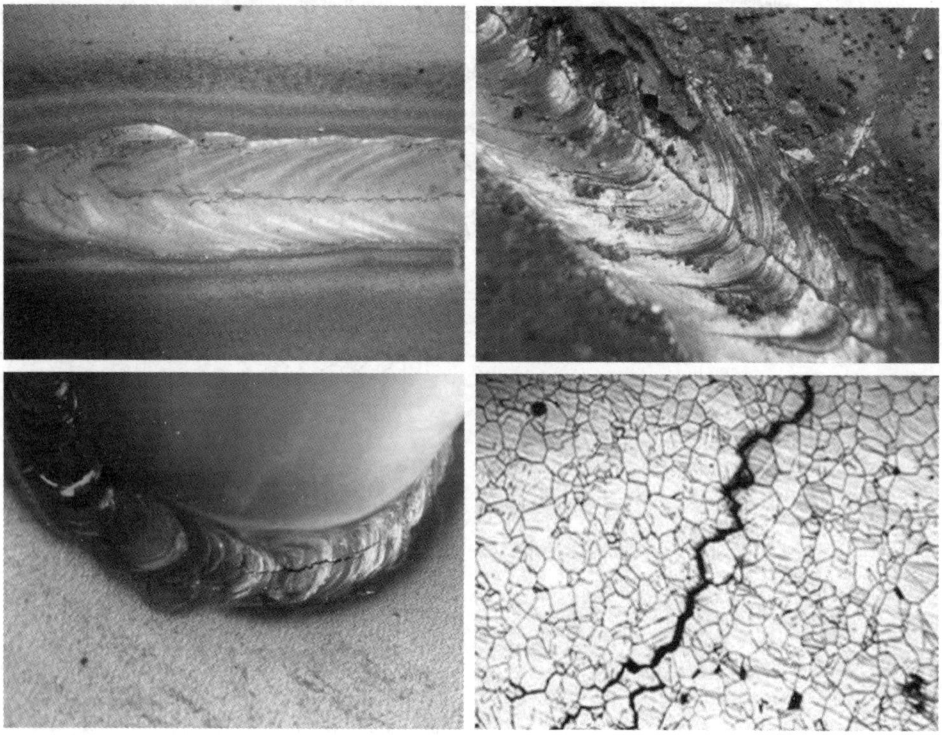

图 2.3 焊接裂纹

## 2.1.3 化学性能

马氏体不锈钢以其独特的化学性能在众多不锈钢类型中脱颖而出，为各种应用提供了可靠的耐腐蚀性、抗氧化性和其他关键性能。

首先，马氏体不锈钢具有优异的耐腐蚀性。这主要得益于其合金元素组成和形成的钝化膜。马氏体不锈钢中铬的含量通常在 10.5%以上，这是形成耐腐蚀和氧化的钝化膜所必需的。这种钝化膜能够有效地阻止氧、水和其他腐蚀性介质对材料的侵蚀，从而在温和的环境中表现出良好的耐腐蚀性。虽然其耐腐蚀性不及奥氏体不锈钢，但在许多常规应用环境中，马氏体不锈钢的耐腐蚀性已足够满足需求。

其次，马氏体不锈钢还表现出良好的抗氧化性能。特别是在高温环境下，马氏体不锈钢能够保持其结构的稳定性和化学性能的完整性，不易发生氧化反应。

这使得马氏体不锈钢在高温工作环境中具有出色的耐久性，如炉膛、热处理设备和化工反应器(图 2.4)等。

图 2.4　不锈钢化工设备

最后，马氏体不锈钢还具有一定的抗酸和抗盐腐蚀性能。在含有酸性介质和盐的环境中，马氏体不锈钢能够抵抗腐蚀的侵蚀，保持其良好的性能。这使得它在化工、海洋工程等领域具有广泛的应用前景。

需要注意的是，马氏体不锈钢在某些特定环境下可能会受到腐蚀的影响。例如，在强氧化性介质或高浓度的腐蚀性介质中，马氏体不锈钢的耐腐蚀性可能会受到挑战。因此，在选择和应用马氏体不锈钢时，需要根据具体的使用环境和要求进行合理的选材和采取防护措施。

## 2.1.4　加工性能

马氏体不锈钢作为一种重要的金属材料，其独特的物理和化学性能赋予了它出色的耐腐蚀性和机械强度。然而，除了这些基础性能外，马氏体不锈钢的加工性能同样值得关注。加工性能的好坏直接关系到材料的利用率、生产效率以及产品质量的稳定性。

切削加工是金属材料加工中最为常见的一种方式，其效率和质量直接影响到产品的最终形态和性能。马氏体不锈钢由于具有较高的硬度和强度，其切削加工难度较大。在切削过程中，刀具容易磨损，切削力较大，且容易产生切削热，导致工件变形或开裂。因此，在切削马氏体不锈钢时，需要选择适当的刀具材料和切削参数，以减小切削力、降低切削温度，提高切削效率。

马氏体不锈钢的焊接性能也是需要重点关注的方面。焊接是金属材料连接的重要手段，对于制造大型结构件和复杂零部件具有重要意义。然而，马氏体不锈钢在焊接过程中容易出现热裂纹和冷裂纹，这主要是由其较高的碳含量和较低的镍含量所导致的。为了改善马氏体不锈钢的焊接性能，可以采取预热、后热、选用低氢型焊接材料等措施，以减少焊接裂纹的产生。此外，合理的焊接工艺参数和焊接顺序也是保证焊接质量的关键。

另外，马氏体不锈钢的弯曲加工性能也是需要考虑的方面。弯曲加工是将金属材料加工成所需形状的重要过程。马氏体不锈钢由于其较高的屈服强度和较低的延伸率，使得其弯曲加工较为困难。在加工过程中，容易出现开裂、起皱等缺陷。为了提高马氏体不锈钢的弯曲加工性能，可以采取预热、退火等热处理措施，以降低材料的屈服强度。同时，合理的模具设计和加工参数选择也是确保加工质量的关键。

除了上述几种加工方式外，马氏体不锈钢还可以通过其他加工方式进行成形，如冲压、拉伸等。然而，这些加工方式同样需要考虑到马氏体不锈钢的特性，选择合适的工艺参数和加工条件，以确保加工过程的顺利进行和产品质量的稳定。在实际生产过程中，针对马氏体不锈钢的加工性能，还需要结合具体的生产需求和工艺条件，进行综合考虑和优化。例如，通过优化材料成分、调整热处理工艺、改进加工设备等方式，可以进一步提高马氏体不锈钢的加工性能，降低生产成本，提高生产效率。

## 2.2 马氏体不锈钢的应用

### 2.2.1 工业领域

马氏体不锈钢因其具有高强度、高硬度、良好的耐磨性和耐腐蚀性等特点，在工业领域中发挥着举足轻重的作用，尤其是在石油化工设备、机械制造与加工、电力与能源等领域，马氏体不锈钢的应用更是广泛而深入。这些领域对于材料的性能要求极高，马氏体不锈钢以其独特的性能特点满足了这些领域的要求，为工业生产提供了可靠的保障。

#### 2.2.1.1 马氏体不锈钢在石油化工设备中的应用

石油化工设备在石油化工工业生产中举足轻重，其工作环境往往具有高温、高压、强腐蚀等特点。马氏体不锈钢以其优异的耐腐蚀性能和高强度性能，成为石油化工设备材料的理想选择。以石油裂化设备为例，马氏体不锈钢的应用充分展示了其高耐腐蚀性和高强度的特点。在石油裂化过程中，原料在高温高压下进行裂解，生成各种烃类化合物。在这一过程中，设备需要承受高温、高压以及烃类化合物的腐蚀作用。马氏体不锈钢因其能满足上述环境要求而成为制造该设备的理想材料。

在石油炼制过程中，马氏体不锈钢被广泛用于制造反应器、换热器、管道等关键设备。这些设备需要承受高温高压，马氏体不锈钢的高强度性能和优异的抗热性能能够确保设备的稳定运行。

在化工生产中，马氏体不锈钢同样发挥着重要作用。例如，在制造硫酸、硝酸等强腐蚀性介质的设备时，马氏体不锈钢的耐腐蚀性能够有效防止设备被腐蚀破坏。此外，马氏体不锈钢还用于制造储罐、泵、阀门、法兰(图 2.5)等化工设备，确保化工生产的安全和稳定。

此外，马氏体不锈钢还因其良好的加工性能，能够满足石油化工设备复杂形状和尺寸的需求。通过切削、焊接、弯曲等加工工艺，可以制造出各种形状和尺寸的石油化工设备，满足不同生产场景的需求。

图 2. 5　不锈钢法兰

### 2. 2. 1. 2　马氏体不锈钢在机械制造与加工中的应用

机械制造与加工是工业领域的基础和核心，对于材料的性能要求极高。马氏体不锈钢因其具有高强度、高硬度、良好的耐磨性等特点，在机械制造与加工领域具有广泛应用。在切削加工领域，马氏体不锈钢的高硬度和高强度使得它能够承受高速切削和重载切削。同时，通过优化切削参数和刀具选择，可以有效降低切削力和切削温度，提高切削效率和质量。

在模具制造领域，马氏体不锈钢的高硬度和良好的耐磨性使其成为制造高精度模具的理想材料。模具需要承受高压力和高摩擦的工作环境，马氏体不锈钢能够有效抵抗磨损和变形，确保模具的精度和寿命。图 2. 6 所示为马氏体不锈钢模具。

图 2. 6　马氏体不锈钢模具

此外，马氏体不锈钢还广泛应用于轴承、齿轮等关键机械部件的制造。这些部件需要承受高负荷和高速运转，马氏体不锈钢的高强度和良好的耐磨性能够确保部件的稳定运行和长期使用寿命。图 2.7 所示为马氏体不锈钢轴承与齿轮。

图 2.7 马氏体不锈钢轴承与齿轮

### 2.2.1.3 马氏体不锈钢在电力与能源领域的应用

电力与能源是现代社会发展的重要支撑，对于材料的性能要求同样严格。马氏体不锈钢因其具有优异的耐腐蚀性和高强度性能，在电力与能源领域得到了广泛应用。

首先，在火力发电领域，马氏体不锈钢用于制造锅炉管、过热器管等关键部件。在高温高压的蒸汽环境，马氏体不锈钢部件能够确保设备的稳定运行和长期安全。

其次，在核电领域，马氏体不锈钢因其具有优异的抗辐射性能和耐腐蚀性能，被广泛应用于核反应堆的结构材料和管道系统。在核反应堆的恶劣环境中，马氏体不锈钢能够保持稳定的性能，确保核电站的安全运行。

此外，在风能、太阳能等新能源领域，马氏体不锈钢也发挥着重要作用。例如，在风力发电机的制造中，马氏体不锈钢用于制造叶片、轴承等关键部件，以确保风力发电机的稳定运行和高效发电。图 2. 8 所示为能源领域马氏体不锈钢叶片。

图 2. 8　马氏体不锈钢叶片

## 2. 2. 2　建筑领域

建筑领域对于材料的选择与应用也具有极高的要求。马氏体不锈钢以其高强度、良好的耐磨性、耐腐蚀性以及优异的加工性能，在建筑领域中得到了广泛的应用。无论是作为结构材料还是装饰与装潢材料，马氏体不锈钢都展现出了其独特的优势和应用价值。

在建筑领域，结构材料的选择直接关系到建筑的安全性和稳定性。马氏体不锈钢以其高强度和优异的耐腐蚀性能，成为建筑结构材料中的理想选择。在桥梁建设中，马氏体不锈钢的应用越来越广泛。桥梁作为连接两岸的重要交通设施，需要承受车辆、人流等重负荷的作用。马氏体不锈钢的高强度特性使得它能够承受较大的压力和拉力，保证桥梁的稳固性和安全性。同时，马氏体不锈钢的耐腐蚀性也能有效抵抗桥梁在使用过程中可能遇到的潮湿、盐雾等恶劣环境的侵蚀，延长桥梁的使用寿命。

在高层建筑和大型公共建筑的结构支撑体系中，马氏体不锈钢同样发挥着重要作用。这些建筑往往对材料的要求极高，需要经受大风、地震等自然灾害的考验。马氏体不锈钢的高强度和良好的韧性使其能够满足这些要求，确保建筑的安全稳定。此外，马氏体不锈钢还常用于制造建筑中的连接件和紧固件，这些部件虽然体积小，但在建筑中却扮演着至关重要的角色。马氏体不锈钢的高强度和耐腐蚀性使得这些部件使用寿命长且能够承受长期恶劣环境的考验，保持其良好的性能和可靠性。图 2.9 所示为马氏体不锈钢各类紧固件。

图 2.9　马氏体不锈钢各类紧固件

除了作为结构材料外，马氏体不锈钢在建筑装饰与装潢领域也有着广泛应用。其独特的金属光泽和优异的耐腐蚀性使得它成为一种受欢迎的装饰材料。

首先，马氏体不锈钢常用于建筑外墙的装饰。通过抛光、喷涂等工艺处理，马氏体不锈钢可以呈现出不同的颜色和光泽效果，为建筑增添现代感和时尚感。

同时，其耐腐蚀性能够有效抵抗风雨、日晒等自然因素的侵蚀，保持长期的美观和耐久性。

其次，在室内装饰方面，马氏体不锈钢也发挥着重要作用。无论是楼梯扶手、门窗框架还是室内隔断等部件，马氏体不锈钢都能以其独特的质感和光泽为室内空间增添一份高雅和精致。同时，其耐腐蚀性和易清洁的特点也使得它成为卫生间、厨房等潮湿环境的理想选择(图 2.10)。此外，马氏体不锈钢还可用于制作家具和灯具等室内装饰品。其坚固耐用的特性使得这些装饰品能够经受住日常使用的考验，同时其独特的金属质感也能为室内空间增添一份独特的魅力。

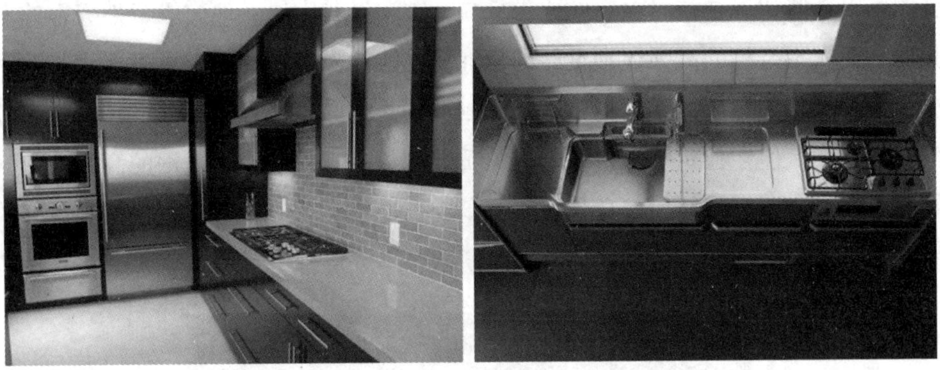

图 2.10　不锈钢在室内装饰的应用

随着科技的进步和人们对建筑品质要求的提高，马氏体不锈钢在建筑领域的应用将呈现出以下发展趋势。研发新型高性能马氏体不锈钢材料将成为未来发展的重要方向。通过优化合金成分、改进热处理工艺等方式，可以进一步提高马氏体不锈钢的强度、耐腐蚀性和加工性能，满足建筑领域对材料性能不断提升的需求。马氏体不锈钢在建筑领域的应用将更加注重环保和可持续发展。未来，将更加注重研发环保型马氏体不锈钢材料，降低生产过程中的能耗和排放，推动建筑行业的绿色化发展。此外，随着智能化和数字化技术的普及，马氏体不锈钢的加工和制造过程将实现更高效、更精确的自动化和智能化，这将有助于提高马氏体不锈钢的生产效率和质量，降低生产成本，推动其在建筑领域的更广泛应用。

### 2.2.3 交通运输领域

交通运输领域作为现代社会发展的重要支柱，对材料性能的要求日益严苛。马氏体不锈钢以其高强度、高硬度、优良的耐磨性和耐腐蚀性，在汽车零部件、铁路与轨道交通、船舶与海洋工程等领域得到了广泛应用。

#### 2.2.3.1 马氏体不锈钢在汽车零部件中的应用

汽车零部件是马氏体不锈钢应用的重要领域之一。汽车在运行过程中，许多部件处于高载荷、高摩擦和高腐蚀等恶劣环境中，而马氏体不锈钢正是满足这些环境要求的理想材料。

在发动机部件方面，马氏体不锈钢被广泛应用于制造气门、气门座圈、排气歧管(图2.11)等。这些部件在高温高压的环境下工作，需要具备出色的耐热性能和耐腐蚀性能。马氏体不锈钢通过适当的热处理，能够显著提高零件的硬度和耐磨性，从而提高发动机的性能和可靠性。

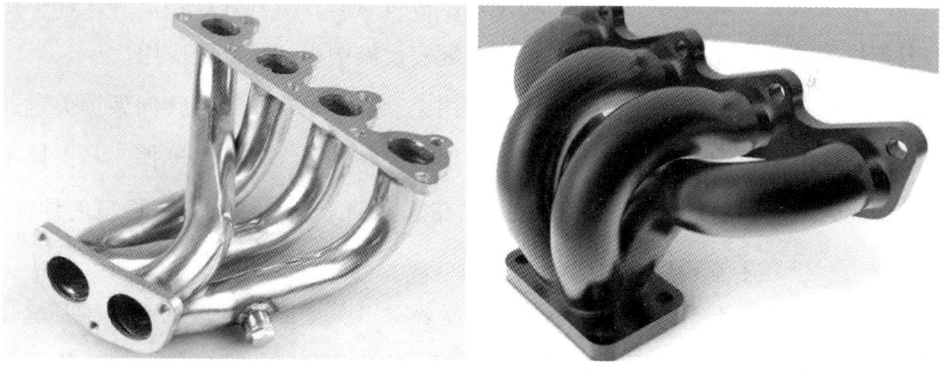

图2.11 汽车排气歧管

在底盘部件方面，马氏体不锈钢也发挥着重要作用。例如，悬挂系统中的弹簧、减振器(图2.12)等部件，需要承受车辆的振动和冲击。马氏体不锈钢的高强度和良好的韧性使其成为制造这些部件的理想选择。此外，马氏体不锈钢还用于制造制动系统中的刹车盘和刹车鼓，其优良的耐磨性和抗热疲劳性能够确保制动系统的稳定性和安全性。

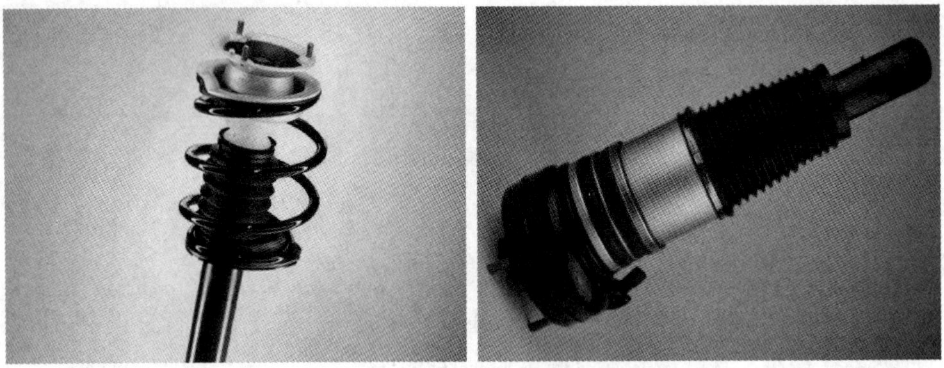

图 2.12　汽车减振器

随着汽车轻量化趋势的推进，马氏体不锈钢在车身结构件方面的应用也逐渐增多。通过合理的热处理工艺和结构设计，马氏体不锈钢可以在保持高强度的同时，实现车身的轻量化，提高汽车的燃油经济性和环保性能。

### 2.2.3.2　马氏体不锈钢在铁路与轨道交通中的应用

铁路与轨道交通作为重要的交通方式，对材料的要求同样严格。马氏体不锈钢因其优异的性能在铁路车辆、轨道以及配套设施中得到了广泛应用。

在铁路车辆方面，马氏体不锈钢主要用于制造车轮、车轴、转向架等关键部件，这些部件需要承受列车的重载和高速运行带来的巨大冲击和摩擦。马氏体不锈钢的高强度和耐磨性能够确保这些部件在恶劣的工作环境下保持稳定的性能，提高列车的运行安全性和可靠性。

此外，马氏体不锈钢也用于制造道岔、辙叉等关键部件，这些部件需要承受列车的频繁通过和重载，同时还需要具有良好的抗疲劳和抗腐蚀性，马氏体不锈钢的高硬度和优异的耐蚀性使其成为制造这些部件的理想选择材料。在铁路配套设施方面，如桥梁、隧道等，马氏体不锈钢也发挥着重要作用，其优良的耐腐蚀性能可以抵抗潮湿和腐蚀性环境的侵蚀，以确保设施的安全和稳定。

### 2.2.3.3　马氏体不锈钢在船舶与海洋工程中的应用

船舶与海洋工程领域的工作环境尤为恶劣，对材料的耐腐蚀性和强度要求极高。马氏体不锈钢以其出色的耐腐蚀性和高强度，成为这一领域的理想选择。

马氏体不锈钢被广泛应用于船体结构件、船底和甲板(图 2.13)等关键部位。这些部位长期暴露在海水中，需要承受海水的腐蚀和海浪的冲击。马氏体不锈钢的耐蚀性不仅能够有效抵抗海水的侵蚀，也能够确保船体的稳定性和安全性。

图 2.13　马氏体不锈钢船底与甲板

在海洋工程方面，如海上钻井平台、海底管道等设施，同样需要面对海洋环境的挑战。马氏体不锈钢因其出色的耐蚀性和高强度，被广泛应用于这些设施的制造和安装中。其优良的机械性能能够确保设施在恶劣的海洋环境中稳定运行，为海洋资源的开发和利用提供有力保障。图 2.14 所示为马氏体不锈钢在钻井平台与海底管道方面的应用。

尽管马氏体不锈钢具有诸多优点，但在实际应用中也面临一些挑战(图 2.15 展示了马氏体不锈钢在海洋环境中的腐蚀)。例如，如何进一步提高其耐蚀性和耐磨性，以适应更加恶劣的工作环境？如何降低生产成本，推动其在更广泛领域的应用？等等。未来，我们可以期待马氏体不锈钢在高性能、轻量化、环保等方面取得更大的突破。

马氏体不锈钢以其优异的性能在交通运输领域发挥着重要作用。随着科技的不断进步和市场的不断需求，马氏体不锈钢的应用前景将更加广阔。未来，我们需要继续深入研究马氏体不锈钢的性能特点和应用技术，推动其在交通运输领域的创新发展。

图 2.14　马氏体不锈钢在钻井平台与海底管道方面的应用

图 2.15　马氏体不锈钢在海洋环境中的腐蚀

## 2.2.4　医疗器械领域

随着医疗技术的不断发展，对医疗器械的材质要求也越来越高。马氏体不锈钢在医疗器械领域的应用越来越广泛，包括手术器械、骨科植入物、牙科器械与植入物、医疗器械的支架和结构件等方面。

### 2.2.4.1　马氏体不锈钢在手术器械中的应用

手术器械是医疗器械的重要组成部分，其材质直接影响到手术效果和患者的康复情况。马氏体不锈钢因其高强度和高耐磨性，在手术器械制造中得到了广泛应用。例如，手术刀、手术剪、止血钳等器械，采用马氏体不锈钢制造，能够确保器械的锋利度和耐用性，提高手术效率和成功率(图 2.16)。此外，马氏体不锈钢还具有良好的耐蚀性，能够有效抵抗血液、体液等生物液体的腐蚀，保证手术器械在使用过程中的安全性和卫生性。

### 2.2.4.2　马氏体不锈钢在骨科植入物中的应用

骨科植入物是用于治疗骨折、关节损伤等骨科疾病的重要医疗器械(图 2.17)。马氏体不锈钢因其优异的生物相容性和力学性能，在骨科植入物制造中发挥着重要作用。

马氏体不锈钢具有良好的生物相容性，能够与人体组织形成良好的结合，减少植入物引起的排斥反应和感染风险。马氏体不锈钢的高强度和高韧性，能够确保植入物的稳定性和耐用性，满足骨科手术对植入物的力学要求。此外，马氏体不锈钢还可通过热处理等工艺调整其性能，以适应不同骨科手术的需求。例如，通过调整钢的碳含量和热处理温度，可以获得不同强度和韧性的马氏体不锈钢，以满足人体不同部位的植入需求。

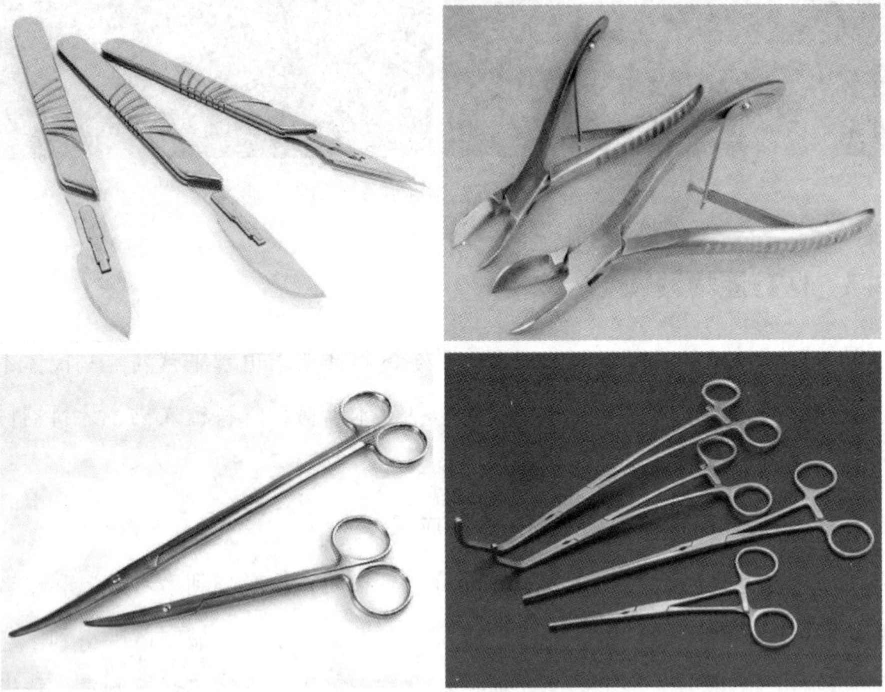

图 2.16　马氏体不锈钢手术器械

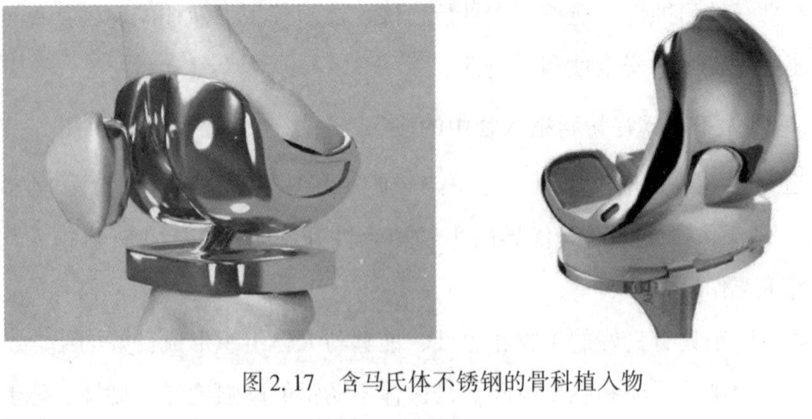

图 2.17　含马氏体不锈钢的骨科植入物

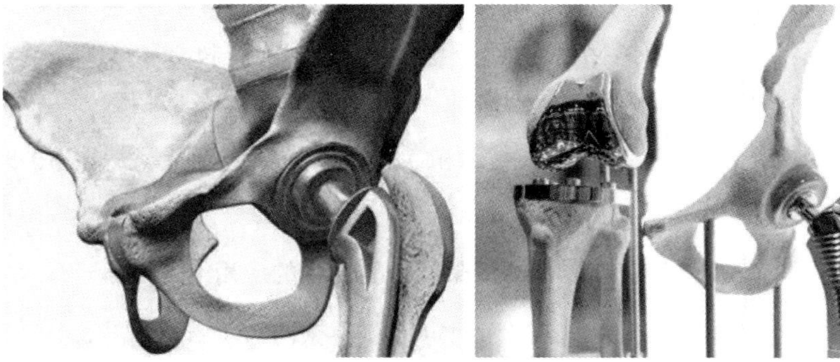

图 2.17　含马氏体不锈钢的骨科植入物(续)

### 2.2.4.3　马氏体不锈钢在牙科器械与植入物中的应用

牙科器械与植入物的材质选择对于患者的口腔健康和治疗效果至关重要。马氏体不锈钢因其出色的耐蚀性和生物相容性，在牙科领域得到了广泛应用(图 2.18)。

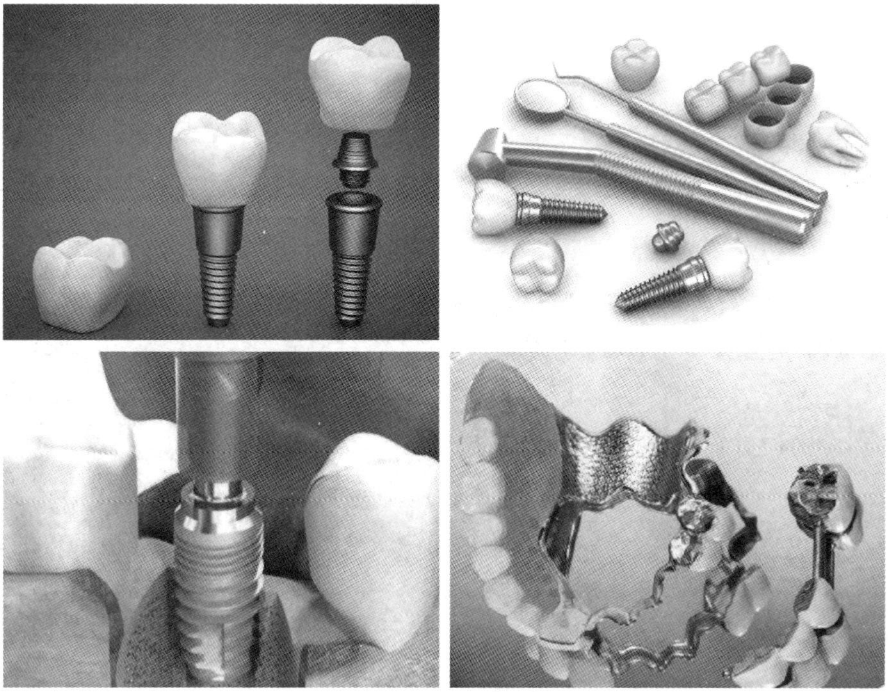

图 2.18　含马氏体不锈钢的牙科植入物

在牙科器械方面，马氏体不锈钢制造的牙科钻、牙科钳等器械，不仅具有高强度和高耐磨性，能够应对复杂的口腔环境，而且易于清洁和消毒，确保患者使用的安全性。在牙科植入物方面，马氏体不锈钢常用于制造牙种植体、牙科桥等，其优异的生物相容性和稳定性，使得植入物能够与口腔组织紧密结合，减少感染的风险，同时提供持久的支撑和修复效果。

#### 2.2.4.4 马氏体不锈钢在医疗器械的支架和结构件中的应用

医疗器械的支架和结构件是支撑和固定医疗器械的关键部件(图 2.19)，需要承受复杂的力学环境和生物环境的考验。在心血管支架领域，马氏体不锈钢支架因其优异的力学性能和生物相容性，被广泛应用于治疗心血管疾病。这些支架能够稳定地支撑血管壁，防止血管塌陷和再狭窄，同时减少对周围组织的刺激和损伤。

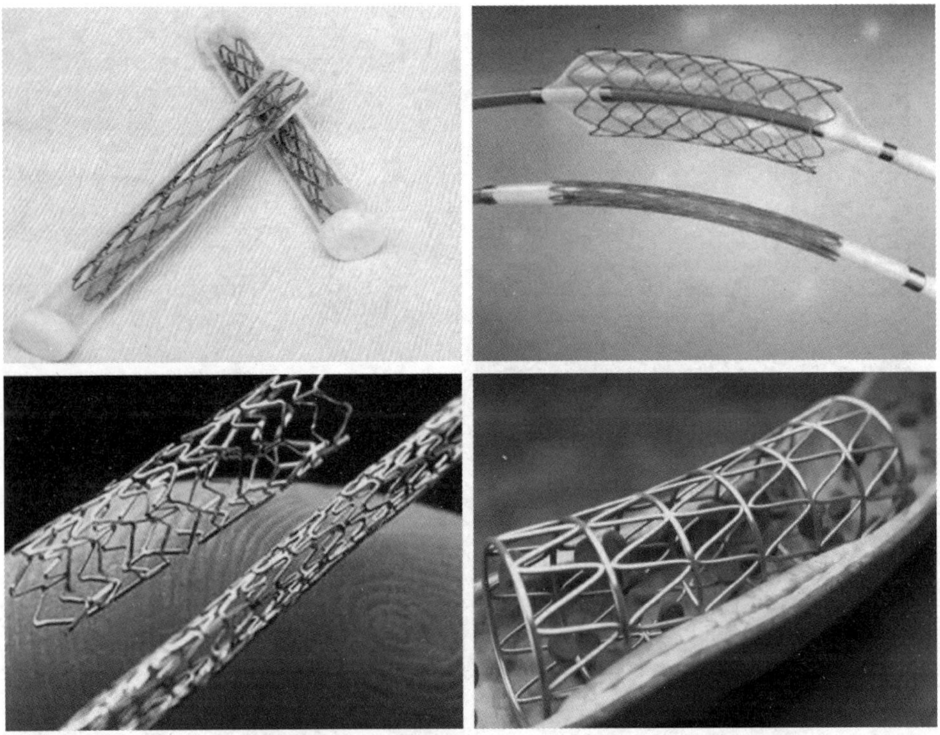

图 2.19　含马氏体不锈钢的心血管支架

在其他医疗器械的结构件中，马氏体不锈钢也发挥着重要作用。例如，在医疗影像设备中，马氏体不锈钢用于制造设备的支撑架和固定件，确保设备的稳定性和精度；在手术床和手术台等医疗设备中，马氏体不锈钢的强度和耐蚀性能够满足其长期使用的要求。

随着医疗技术的不断进步和医疗器械市场的不断扩大，马氏体不锈钢在医疗器械领域的应用将呈现以下发展趋势：

（1）更高性能材料的研发。为了满足医疗器械对材料性能的不断提高要求，马氏体不锈钢的研发将更加注重提高其强度、韧性、耐蚀性和生物相容性等性能。

（2）个性化定制和精细加工技术的发展。随着医疗器械的个性化需求增加，马氏体不锈钢的加工技术将更加注重精细化和定制化。通过先进的加工技术和工艺，实现医疗器械的精准制造和个性化定制。

（3）环保和可持续性的关注。随着环保意识的增强，医疗器械的制造和使用将更加注重环保和可持续性。马氏体不锈钢作为可回收和再利用的材料，将在医疗器械领域得到更广泛的应用。

马氏体不锈钢的应用不仅提高了医疗器械的性能和安全性，也推动了医疗器械行业的创新发展。未来，随着科技的进步和市场的变化，马氏体不锈钢在医疗器械领域的应用将更加广泛和深入。

## 2.3 马氏体不锈钢的未来发展趋势

### 2.3.1 马氏体不锈钢的技术创新

当前，马氏体不锈钢以其优良的性能，在众多工业领域中占据了重要地位。然而，随着科技的进步和工业的快速发展，对马氏体不锈钢的性能要求也在不断提高。为了满足这些需求，马氏体不锈钢的技术创新显得尤为重要。

在传统的马氏体不锈钢制备过程中，精炼技术的不足往往会导致材料中存在杂质，影响其性能。近年来，精炼技术的不断改进，如真空感应熔炼、电渣重熔等技术的应用，有效降低了马氏体不锈钢中的杂质含量，提高了材料的纯净度。这不仅有助于提升马氏体不锈钢的力学性能，还增强了其耐蚀性和耐磨性。

粉末冶金技术是一种制备高性能金属材料的有效方法。通过将马氏体不锈钢粉末进行压制和烧结，可以制备出具有优异性能的马氏体不锈钢制品。这种方法不仅可以实现材料的近净成形(图 2.20)，减少后续加工工序，还可以提高材料的致密度和均匀性，进一步提升其性能。

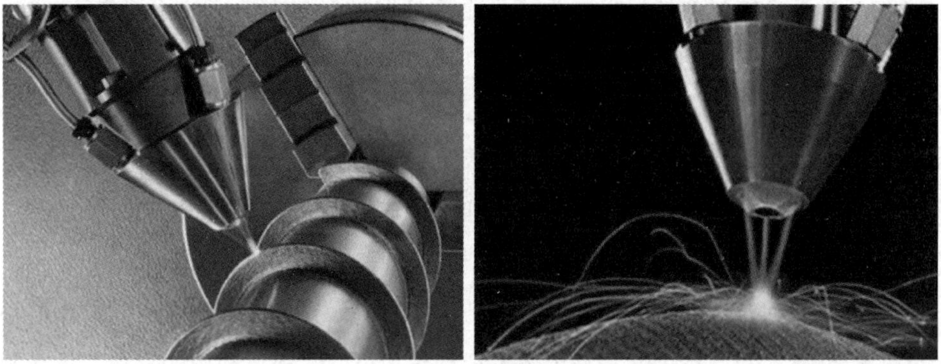

图 2.20　马氏体不锈钢的近净成形

通过合理的合金化设计，可以调整马氏体不锈钢的化学成分，从而优化其性能。例如，添加适量的合金元素如铬、镍、钼等，可以提高马氏体不锈钢的耐蚀性和抗氧化性；添加适量的碳和氮元素，则可以增强其硬度和耐磨性。这些合金化设计的创新使得马氏体不锈钢能够满足更多领域的需求。

热处理是马氏体不锈钢制备过程中的关键环节，对其性能有着重要影响。近年来，热处理技术的不断创新，如高温淬火、回火、深冷处理等技术的应用，使得马氏体不锈钢的组织结构得到进一步优化，提高了其力学性能和耐蚀性。同时，热处理技术的创新还有助于消除材料内部的残余应力，提高材料的稳定性和可靠性。

### 2.3.2　应用领域的拓展与深化

马氏体不锈钢的应用领域拓展是一个持续且不断深化的过程。由于其独特的机械性能和耐蚀性，马氏体不锈钢在多个工业领域中都得到了广泛应用。在航空航天领域，马氏体不锈钢的应用日益广泛。由于航空航天器对材料的强度和耐腐蚀性有着极高的要求，马氏体不锈钢凭借其优异的机械性能和抗腐蚀性能，成为制造高速飞行器部件的理想选择。无论是涡轮叶片、后燃器还是涡轮转子，马氏体不锈钢都能发挥出其独特的优势。此外，随着对材料性能要求的不断提高，超级马氏体不锈钢在航空发动机燃烧室、喷油嘴等零部件的制造中也得到了广泛应用。

在汽车工业中，马氏体不锈钢的应用也在不断扩展(图 2.21)。随着汽车工业的快速发展和消费者对汽车性能要求的提高，对汽车材料的要求也越来越高。马氏体不锈钢以其高强度、高韧性以及良好的耐磨性，成为制造汽车碰撞部件的理想材料。无论是车身安全结构、车门还是防撞梁，马氏体不锈钢都能达到出色的保护效果。同时，随着新能源汽车的兴起，马氏体不锈钢在电池包、电机等关键部件的制造中也展现出巨大的潜力。

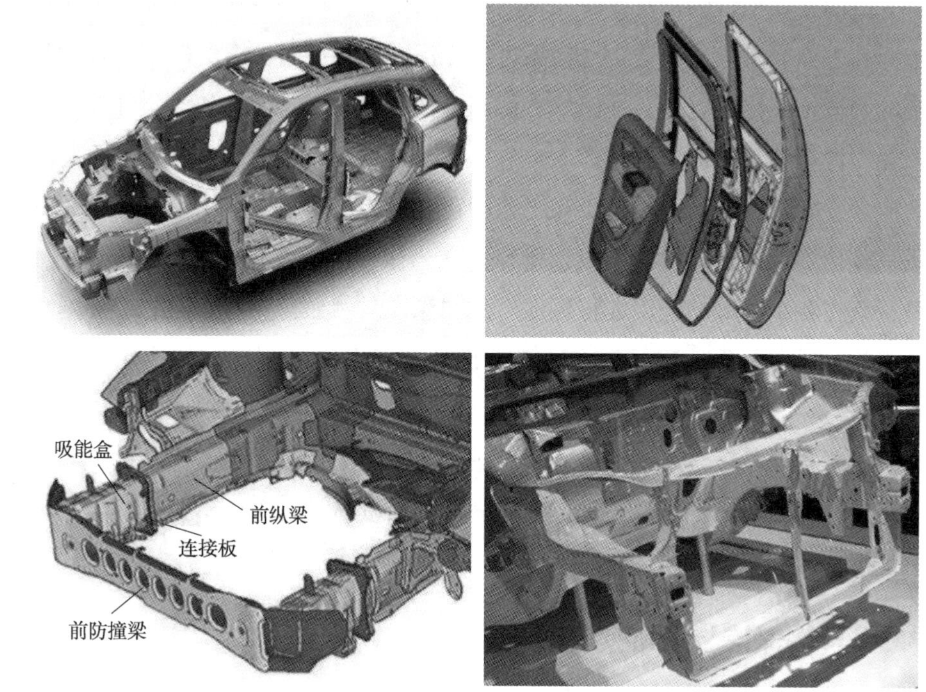


图 2.21　马氏体不锈钢在汽车工业中的应用

此外，在能源工业领域，马氏体不锈钢的应用也在不断拓展。无论是传统的火力发电还是新兴的核能、风能等清洁能源领域，都需要使用到大量的高性能金属材料。马氏体不锈钢以其优异的耐高温、耐高压和耐腐蚀性能，成为制造燃气轮机、汽轮机等发电设备的理想材料。同时，在石油和天然气开采、炼油等过程中，马氏体不锈钢也因其良好的耐蚀性和力学性能得到了广泛应用。

在医疗器械领域，马氏体不锈钢的应用也在不断深化。由于其生物相容性好、无毒无味且不会引起人体过敏反应，马氏体不锈钢被广泛应用于制造手术器械、骨科植入物以及牙科器械等。随着医疗技术的不断进步和人们对健康生活的追求，对医疗器械的性能和安全性要求也越来越高。马氏体不锈钢凭借其优异的性能，在医疗器械领域的应用将会更加广泛。

除了上述领域外，马氏体不锈钢还在海洋工业、食品加工、化工等领域得到了广泛应用。在海洋工业中，由于其优异的抗腐蚀性能，马氏体不锈钢被用于制造海上石油开发平台的构件、海底管道和潜水艇等。在食品加工行业，马氏体不锈钢因其表面光滑、易清洁、对食品材料无污染等特点，被广泛应用于食品加工设备的制造。在化工行业，马氏体不锈钢因其良好的耐腐蚀性和力学性能，成为制造化工设备和管道的理想选择。

未来，随着科技的不断进步和工业的快速发展，马氏体不锈钢的应用领域还将进一步拓展。通过技术的不断创新和优化，马氏体不锈钢的性能将得到进一步提升，其在各个领域的应用也将更加广泛和深入。例如，随着智能制造和绿色制造技术的发展，马氏体不锈钢在智能化设备和环保产品制造中的应用也将不断增加。

综上所述，马氏体不锈钢的应用领域拓展是一个持续且不断深化的过程。随着对材料性能要求的不断提高和工业领域的不断发展，马氏体不锈钢的应用领域将会更加广泛和多样化。

### 2.3.3 环境保护与可持续发展

马氏体不锈钢在环境保护与可持续发展方面发挥着重要作用。其独特的耐腐蚀性和高强度特性使得它在多个领域中具备显著的环保优势，同时也有助于推动工业生产的可持续发展。

马氏体不锈钢因其出色的耐腐蚀性能，在化工、石油、天然气等领域中被广泛应用。这些行业往往涉及大量腐蚀性物质的处理和存储，使用马氏体不锈钢可以有效减少设备腐蚀和泄漏的风险，从而防止有害物质对环境的污染。例如，在化工设备、石油装备和化肥设备的应用中，马氏体不锈钢能够抵御各种腐蚀环境，确保生产过程的安全与稳定。此外，马氏体不锈钢的高强度特性使得它在制造过程中能够减少材料的使用量，从而实现资源的有效利用。通过优化设计和制造工艺，可以在保证设备性能的同时，降低对原材料的依赖，减少能源消耗和废物产生。这不仅有助于降低生产成本，还符合可持续发展的原则。

马氏体不锈钢的可回收性也是其环保优势之一。随着循环经济理念的深入人心，废旧金属的回收利用成为一种重要的环保行为。马氏体不锈钢作为一种可回收材料，经过适当处理后可重新用于生产，从而减少对新资源的开采，降低环境污染。

在推动可持续发展的过程中，马氏体不锈钢还通过技术创新不断提升其环保性能。例如，通过改进冶炼工艺和合金化设计，可以降低马氏体不锈钢生产过程中的能耗和排放；通过开发新型表面处理技术，可以进一步提高其耐腐蚀性能，延长设备使用寿命，减少维护成本。

马氏体不锈钢在环境保护与可持续发展方面具有重要的价值。随着人们对环保意识的不断提高和科学技术的不断进步，马氏体不锈钢的应用前景将更加广阔，其在推动工业绿色发展方面的作用也将更加显著。

### 2.3.4 市场竞争与产业升级

马氏体不锈钢作为一种高强度、高硬度的金属材料，虽然在多个工业领域具有广泛的应用，但是随着市场竞争的加剧和产业升级的需求，马氏体不锈钢行业正面临着诸多挑战与机遇。

马氏体不锈钢市场竞争激烈，主要体现在以下几个方面：行业内竞争者众多，各企业为争夺市场份额，纷纷加大研发力度，提高产品质量和性能，以满足不同客户的需求；产品同质化现象严重，许多企业的产品性能相近，缺乏明显的差异化优势，导致价格战成为市场竞争的主要手段；原材料价格波动较大，对马氏体不锈钢企业的成本控制带来挑战，也加剧了市场竞争的激烈程度。

随着工业技术的不断发展和市场需求的升级，马氏体不锈钢行业亟须进行产业升级，以适应新的市场环境和客户需求，如提高产品质量和性能。通过引进先进技术、优化生产工艺、加强质量控制等方式，提高马氏体不锈钢的耐磨性、耐腐蚀性、强度等性能，以满足高端市场的需求。同时加强产品研发和创新能力，针对不同领域的需求，开发具有特殊性能的马氏体不锈钢产品，如耐高温、耐低温、抗疲劳(图 2.22)等，以拓展应用领域和市场空间。

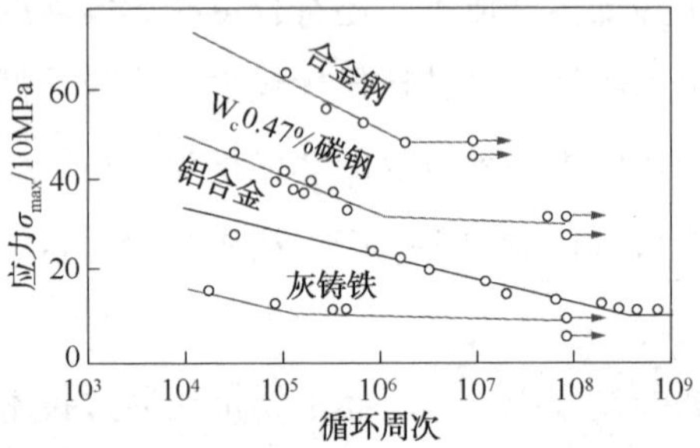


图 2.22　金属材料的疲劳强度

未来，随着工业结构的优化和升级，马氏体不锈钢行业将迎来新的发展机遇。一方面，国家对高端装备制造业的支持力度不断加大，为马氏体不锈钢行业提供广阔的市场空间；另一方面，随着环保意识的提高和绿色生产的推进，马氏体不锈钢行业将更加注重环保和可持续发展，推动行业的健康稳定发展。马氏体不锈钢行业在面临市场竞争和产业升级的挑战时，需要积极应对并采取有效措施来提升自身的竞争力。同时，抓住市场机遇和政策支持，推动行业的创新与发展，实现可持续发展目标。

# 第3章 马氏体不锈钢的应力腐蚀

马氏体不锈钢作为一种重要的工程材料，以其高强度、高硬度及优良的耐磨性而广泛应用于各类结构件、刀具及高负荷工作环境下的部件。然而，随着其应用领域的不断拓展，特别是在一些复杂和恶劣的环境中，马氏体不锈钢的应力腐蚀问题逐渐凸显，成为制约其性能发挥和使用寿命的关键因素。

应力腐蚀是指在特定环境下，金属材料在应力和腐蚀介质的共同作用下发生的一种破坏现象。马氏体不锈钢特殊的晶体结构和化学成分，使得其在某些腐蚀介质中更容易发生应力腐蚀。这种腐蚀不仅会导致材料的性能下降，甚至可能引发结构件的断裂，从而带来严重的安全隐患。因此，深入研究马氏体不锈钢的应力腐蚀机理和影响因素，对于提高其使用性能、延长使用寿命具有重要意义。

## 3.1 马氏体不锈钢应力腐蚀概述

### 3.1.1 应力腐蚀的基本原理

应力腐蚀是一种复杂且极具破坏性的材料失效现象。它涉及材料本身的性质、所处环境的特点以及应力状态等多方面的相互作用。特别是对于马氏体不锈钢这种高强度、高硬度的材料，其在特定的腐蚀环境中受到拉应力作用时，晶界或亚晶界处会优先发生腐蚀，进而形成裂纹并逐渐扩展，最终导致材料的突然断裂。这种断裂方式往往没有明显的塑性变形过程，因此难以预测和防范，给工程应用带来了极大的安全隐患。

要深入探讨应力腐蚀的基本原理，需要了解应力、腐蚀介质以及材料三者之间的相互作用机制。在应力作用下，马氏体不锈钢的晶格结构会发生变化，原子排列的稳定性受到影响。这种变化使得材料的某些区域变得更为脆弱，容易受到腐蚀介质的攻击。同时，腐蚀介质中的化学成分会与材料中的合金元素发生化学反应，形成腐蚀产物。这些腐蚀产物不仅改变了材料的表面状态，还可能进一步渗透到材料的内部，加剧其内部的损伤。

在应力与腐蚀介质的共同作用下，马氏体不锈钢的晶界或亚晶界处会优先发生腐蚀(图 3.1)。这是因为晶界和亚晶界是材料中的薄弱环节，其原子排列和结构相对于晶粒内部更为复杂和不稳定。当腐蚀介质与这些区域接触时，更容易引发化学反应，导致腐蚀的发生。随着腐蚀的深入，裂纹开始在晶界或亚晶界处形成。这些裂纹在应力的作用下不断扩展，最终贯穿整个材料，导致材料的断裂。

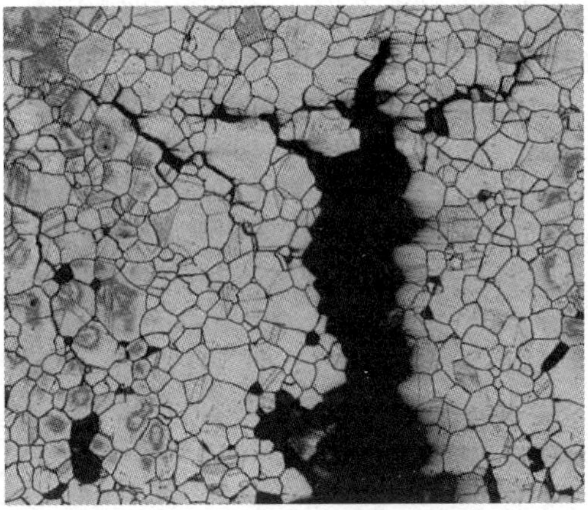

图 3.1　不锈钢晶间腐蚀

值得注意的是，应力腐蚀的发生和发展是一个渐进的过程。在初期阶段，可能只有少量的腐蚀产物和微裂纹(图 3.2)形成，难以被察觉。然而，随着时间的推移和应力的持续作用，腐蚀和裂纹扩展的速度会逐渐加快，最终导致材料的突然断裂。因此，对于马氏体不锈钢等易发生应力腐蚀的材料，需要进行长期的监测和评估，及时发现并处理潜在的腐蚀问题。

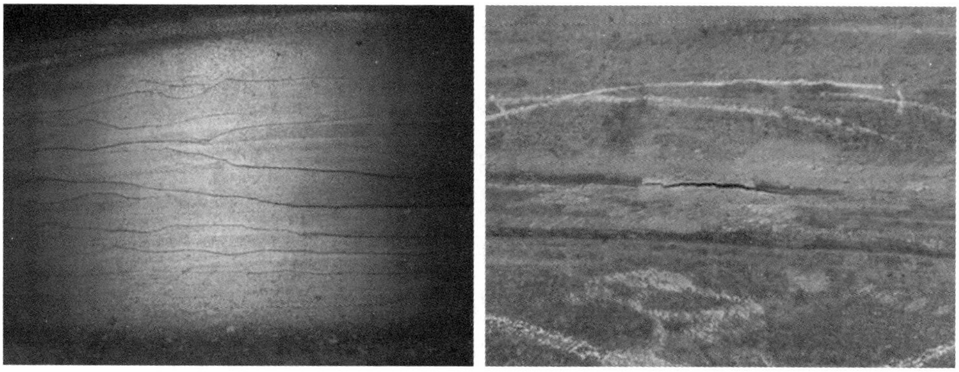

图3.2　应力腐蚀微裂纹

除了应力和腐蚀介质的作用外，马氏体不锈钢的成分、组织结构以及加工工艺等因素也会影响其应力腐蚀敏感性。例如，合金元素的种类和含量会影响材料的耐腐蚀性能；晶粒大小和相结构会影响材料的力学性能和抗裂性能；加工工艺中的热处理、冷加工等步骤也会影响材料的内部应力和组织结构，从而影响其应力腐蚀行为。

在实际应用中，我们可以通过优化材料成分、改善加工工艺、控制应力水平以及改善工作环境等措施来降低马氏体不锈钢的应力腐蚀敏感性。例如，通过调整合金元素的含量和比例，可以改善材料的耐腐蚀性能；通过优化热处理工艺和冷加工参数，可以减少材料内部的残余应力和组织结构缺陷；通过控制工作环境的温度和湿度等条件，可以降低腐蚀介质对材料的侵蚀作用。

此外，对于已经发生应力腐蚀的马氏体不锈钢部件，需要采取及时的修复和更换措施，以防止事故的发生。在修复过程中，需要清除腐蚀产物和裂纹，并采用适当的焊接或补强方法进行修复。对于无法修复的部件，应及时进行更换，确保设备的安全运行。

综上所述，应力腐蚀是一种复杂且极具破坏性的材料失效现象。对于马氏体不锈钢等高强度、高硬度的材料，需要深入了解其应力腐蚀的基本原理和影响因素，采取有效措施来预防和控制应力腐蚀的发生。通过优化材料、改进工艺、控制应力以及改善环境等多方面的努力，我们可以提高马氏体不锈钢的使用性能和安全性，为工程应用提供可靠的保障。

### 3.1.2 应力腐蚀的化学与物理过程

应力腐蚀是一个涉及材料、环境以及应力三者相互作用的复杂过程。深入探讨其化学和物理过程，有助于全面理解应力腐蚀的机理，进而为预防和控制应力腐蚀提供理论依据。

在化学过程方面，应力腐蚀主要表现为材料表面的氧化和还原反应。马氏体不锈钢作为一种高性能的金属材料，其表面原子在特定的腐蚀环境中会与介质中的氧、水或其他离子发生反应。这些反应导致金属原子被氧化，形成氧化物或氢氧化物等腐蚀产物(图 3.3)。这些腐蚀产物会附着在材料表面，逐渐形成一层腐蚀层。腐蚀层的形成不仅改变了材料表面的化学性质，还可能导致材料性能的下降，如导电性、耐蚀性等。此外，腐蚀产物的积累还可能引发更多的化学反应，进一步加剧腐蚀过程。

图 3.3　金属腐蚀产物

在物理过程方面，应力腐蚀涉及应力在材料中的传播以及裂纹的形成与扩展。在应力作用下，马氏体不锈钢的晶格结构会发生变形和位错，导致应力在材料中的传播和集中，尤其是在材料的薄弱环节，如晶界或亚晶界处。当应力集中到一定程度时，这些薄弱环节容易发生破坏，形成微裂纹。这些微裂纹在腐蚀介质和应力的共同作用下会逐渐扩展(图 3.4)。腐蚀介质通过裂纹渗入材料内部，与金属原子发生化学反应，进一步加剧裂纹的扩展。最终，随着裂纹的不断扩展和相互连接，材料发生断裂。

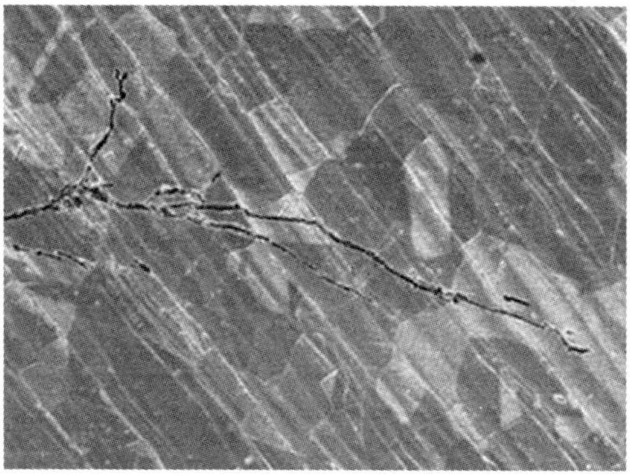

图 3.4　金属材料的裂纹扩展

值得注意的是，化学过程和物理过程在应力腐蚀中是相互关联、相互影响的。化学过程导致的腐蚀产物形成和积累会影响材料的物理性能，如应力传播和裂纹扩展的速度。同时，物理过程中应力的传播和裂纹的形成也为化学过程提供了更多的反应空间和通道。因此，在研究和预防应力腐蚀时，需要综合考虑化学和物理过程的相互作用。

## 3.1.3　影响应力腐蚀的关键因素

影响应力腐蚀的关键因素是一个复杂且多方面的议题，涉及材料本身的性质、外界环境的特点以及应力状态等多个方面。这些因素相互交织，共同决定了材料在应力腐蚀作用下的行为表现。以下将对这些关键因素展开详细的论述。

### 3.1.3.1　材料特性

材料本身的性质对应力腐蚀的影响至关重要。马氏体不锈钢作为一种典型的金属材料，其化学成分、晶体结构、显微组织以及表面状态等因素都会对应力腐蚀敏感性产生显著影响。

在化学成分方面，金属材料中的合金元素种类和含量对其耐腐蚀性能具有重要影响。某些合金元素可以提高材料的耐蚀性，而另一些则可能促进应力腐蚀的发生。例如，在 7056 合金中加入微量 Gd 后，铸态显微组织得到细化，微观偏析减弱，固溶后含 Zn、Mg 残余相减少，Zn、Mg 过饱和度增加。而且在 7056 铝合金中添加 0.11%的 Gd 形成非核壳结构的弥散相，强烈阻碍位错与晶界运动，提高其合金的再结晶抗力，使基体保留更多的细小亚晶组织。图 3.5 所示为微合金化对铝合金在腐蚀溶液中电化学性能的影响。相较于大角度晶界，细小亚晶界处的析出相呈细小、离散分布，晶界与晶内之间腐蚀电位差减小，腐蚀电化学原动力减弱，沿晶腐蚀敏感性降低，有效延缓了合金应力腐蚀裂纹扩展速率，使 7056 铝合金的应力腐蚀开裂倾向降低。因此，通过优化合金元素的配比，为改善马氏体不锈钢的抗应力腐蚀性能提供可能。

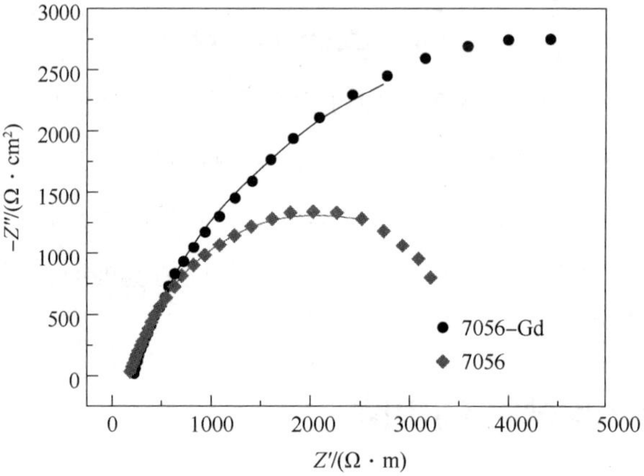


图 3.5　微合金化对铝合金在腐蚀溶液中电化学性能的影响

晶体结构也是影响应力腐蚀的关键因素之一。马氏体不锈钢的晶体结构具有高密度和高度有序的特点，这使得其对应力腐蚀的敏感性较高。晶体结构中的缺陷和位错等结构特征，会成为应力腐蚀裂纹的优先扩展路径。因此，改善材料的晶体结构，减少结构缺陷，是降低应力腐蚀敏感性的有效途径。

在显微组织方面，马氏体不锈钢的晶粒尺寸(图 3.6)、相组成以及相分布等都会对应力腐蚀产生影响。细小的晶粒可以提高材料的强度和韧性，从而有利于抵抗应力腐蚀的破坏。而相组成和相分布则会影响材料的电化学性能和腐蚀行为。通过合理的热处理工艺和合金设计，可以调控材料的显微组织，优化其应力腐蚀性能。

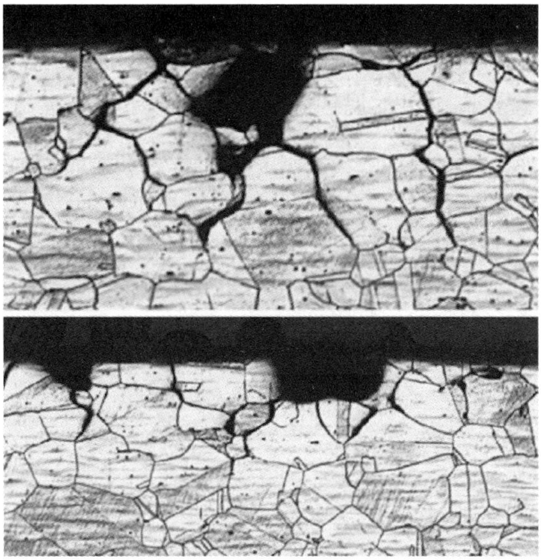

图 3.6　不同晶粒尺寸金属材料的应力腐蚀

此外，材料的表面状态也是影响应力腐蚀的重要因素。表面的粗糙度（图 3.7）、清洁度以及氧化膜的状态等都会直接影响材料与腐蚀介质的接触和反应。因此，保持材料表面的清洁和平滑，形成致密的氧化膜，是降低应力腐蚀敏感性的有效手段。

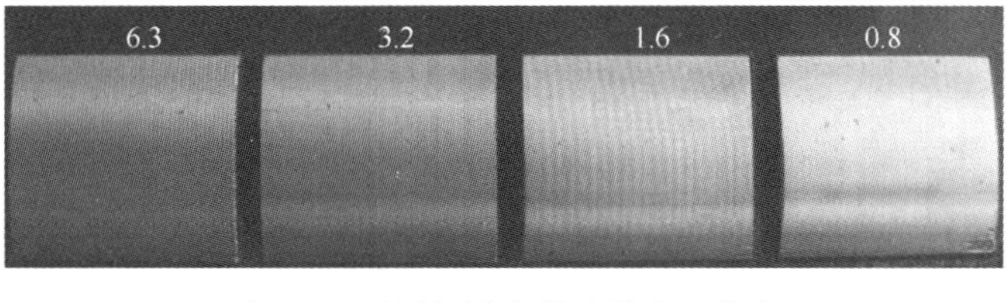


图 3.7　不同粗糙度的试样表面状态

#### 3.1.3.2　外部环境

除了材料本身的性质外，外界环境的特点也是影响应力腐蚀的关键因素之一。腐蚀介质的种类、浓度、温度以及 pH 等都会对应力腐蚀产生显著影响。

不同种类的腐蚀介质对材料的腐蚀作用机制不同，有的可能通过氧化反应破坏材料的表面结构，有的则可能通过还原反应导致金属的溶解。因此，了解腐蚀介质的种类和特性，对于预防和控制应力腐蚀具有重要意义。

腐蚀介质的浓度也是影响应力腐蚀的重要因素。一般来说，浓度越高，腐蚀速率越快，应力腐蚀的敏感性也就越高(图 3.8)。因此，在实际应用中，应尽量避免材料长时间暴露在高浓度的腐蚀介质中。

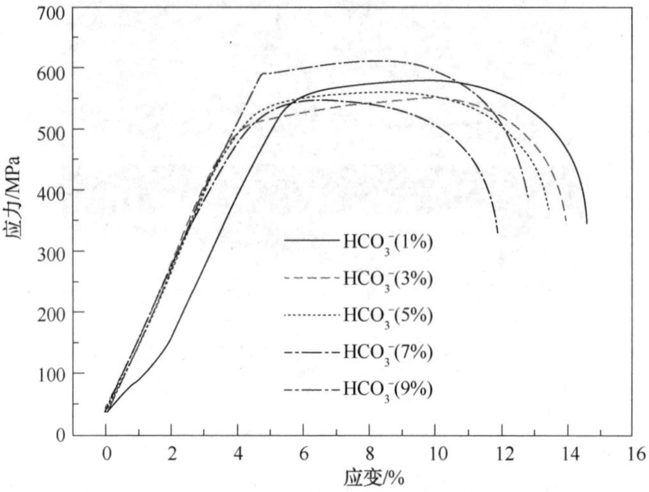


图 3.8　$HCO_3^-$浓度对 X90 管线钢应力腐蚀行为的影响

温度对应力腐蚀的影响同样不容忽视。随着温度的升高，腐蚀反应的速率会加快(图 3.9)，同时，材料的强度和韧性也会发生变化。这可能导致材料在较高的温度下更容易发生应力腐蚀。因此，在高温环境下使用马氏体不锈钢时，需要特别注意其应力腐蚀性能。

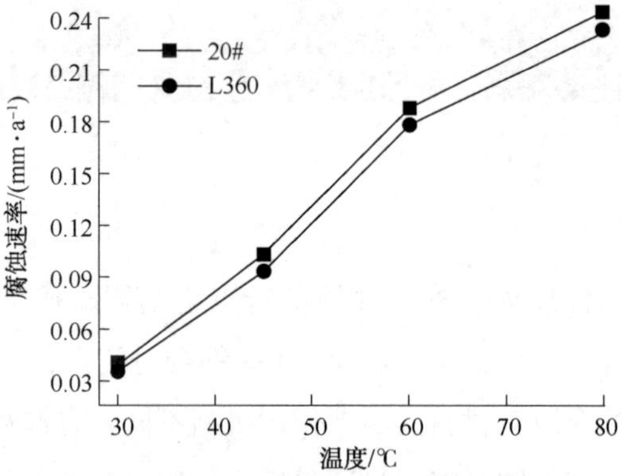


图 3.9　腐蚀速率随温度的变化规律

pH也是影响应力腐蚀的一个重要因素。不同的pH条件下，腐蚀介质的化学性质和活性会发生变化，从而影响材料的腐蚀行为。例如，在某些pH范围内，腐蚀介质可能具有较高的活性，导致材料更容易发生应力腐蚀。因此，在实际应用中，需要根据具体情况调整腐蚀介质的pH，以降低应力腐蚀的风险。

#### 3.1.3.3 应力状态

应力状态对应力腐蚀的影响也是不容忽视的。应力的类型、大小以及加载方式等都会对应力腐蚀产生影响。

应力的类型包括拉应力、压应力和剪切应力等。其中，拉应力是导致应力腐蚀的主要因素。在拉应力作用下，材料的晶格结构容易发生变形和位错，从而为腐蚀介质的侵入和裂纹的扩展提供了有利条件。因此，在设计和制造过程中，应尽量避免在材料中产生过大的拉应力。

应力的大小也是影响应力腐蚀的关键因素。一般来说，应力越大，材料发生应力腐蚀的风险越高(图3.10)。这是因为较大的应力会加速材料的变形和裂纹扩展过程，使得腐蚀介质更容易侵入材料内部。因此，在实际应用中，需要合理控制材料的应力水平，以确保其安全可靠。

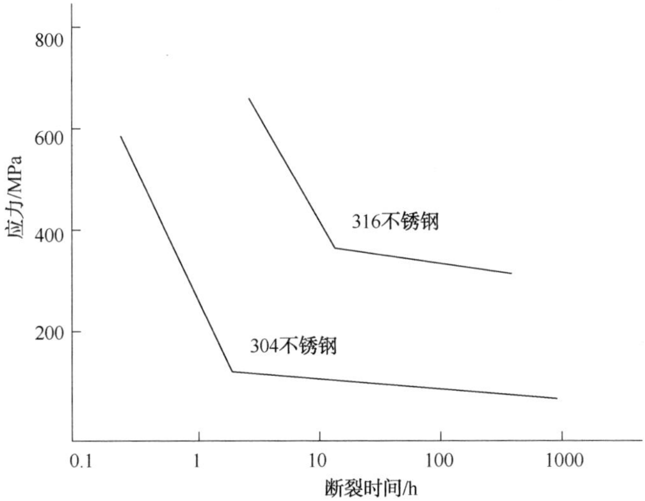


图3.10 不锈钢应力腐蚀中断裂时间与应力大小的关系

应力的加载方式对应力腐蚀的影响也不容忽视。不同的加载方式会导致材料内部应力的分布和变化不同，从而影响应力腐蚀的发生和发展。例如，交变应力或循环应力可能导致材料内部的疲劳损伤和裂纹萌生，进而加剧应力腐蚀的过程。因此，在选择加载方式时，需要充分考虑其对材料应力腐蚀性能的影响。

综上所述，影响应力腐蚀的关键因素包括材料本身的性质、外界环境的特点以及应力状态等多个方面。在实际应用中，需要综合考虑这些因素，通过优化材料设计、改善环境条件和合理控制应力水平等手段，来降低马氏体不锈钢的应力腐蚀敏感性，提高其使用性能和安全性。同时，随着科学技术的进步和研究的深入，有望发现更多有效的预防和控制应力腐蚀的方法和技术，为工程应用提供更加可靠的保障。

### 3.1.4 应力腐蚀的实验室测试方法

应力腐蚀的实验室测试方法是一个复杂且精细的过程，它涉及多个步骤和环节，旨在模拟材料在实际工作环境中的应力腐蚀行为，并评估其性能。以下将对应力腐蚀的实验室测试方法进行论述，以确保其完整性和深度。

应力腐蚀是指在特定腐蚀环境下，材料在受到拉应力作用时，其表面和内部发生的腐蚀开裂现象。这种现象对于许多工程材料，特别是金属和合金，具有潜在的破坏性，因此，需要通过实验室测试来评估和预防。

实验室测试方法的选择和设计，需根据材料的类型、预期的腐蚀环境以及所需评估的性能指标来确定。以下是几种常用的应力腐蚀实验室测试方法。

#### 3.1.4.1 恒载荷试验

恒载荷试验(图 3.11)作为评估材料应力腐蚀敏感性的重要手段，其操作过程需要精细且严谨。以下是对恒载荷试验的方法论述，包括试样制备、应力施加、腐蚀介质选择以及试验过程中的观察与记录等方面。

(1) 试样制备

试样的制备是恒载荷试验的首要步骤，其质量直接关系到试验结果的准确性和可靠性。在制备试样时，需要充分考虑材料的类型、形状、尺寸以及表面状态等因素。试样的形状和尺寸应尽可能与实际应用场景相匹配，这有助于模拟材料

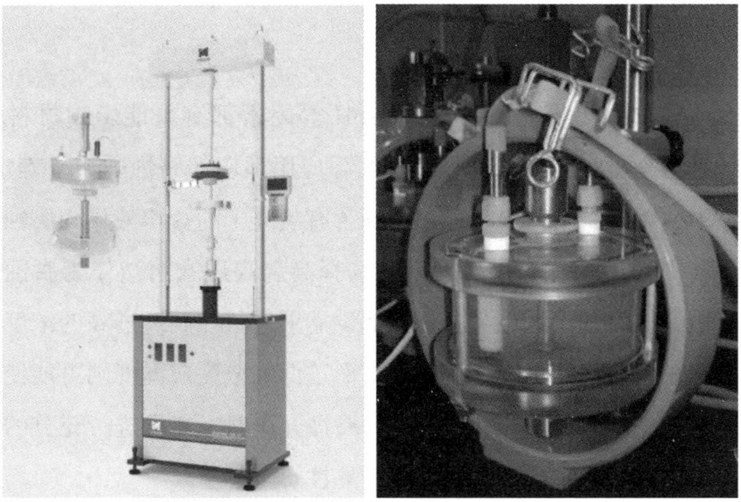

图 3.11 恒载荷试验装置

在实际工作环境中的受力情况和腐蚀行为，从而更准确地评估其应力腐蚀性能。通常，试样可以制作为板状、棒状或其他特定形状，具体取决于材料的特性和测试需求。试样的表面状态对试验结果具有重要影响，表面缺陷、粗糙度以及氧化膜等因素都有可能影响材料的腐蚀行为。因此，在制备试样时，需要对表面进行仔细处理，如打磨、抛光或清洗等，以消除表面缺陷并控制粗糙度。同时，还可以通过化学处理或电化学处理等方法，在试样表面形成一层均匀的氧化膜，以提高试验结果的可靠性。

(2) 应力施加

在恒载荷试验中，应力的施加是关键步骤之一。应力的类型和大小应根据材料的特性和测试目的来确定。对于金属材料而言，拉应力是导致应力腐蚀的主要因素。因此，在恒载荷试验中，通常采用拉伸应力作为测试应力。应力的施加可以通过专用的夹具或试验机来实现，以确保试样在测试过程中保持恒定的应力状态。

在施加应力时，需要特别注意应力的均匀分布和避免应力集中现象的发生。应力集中可能导致试样在局部区域过早发生开裂，从而影响试验结果的准确性。因此，在设计夹具和安装试样时，应确保应力的均匀传递，并尽量避免试样边缘或角落处的应力集中。

（3）腐蚀介质

腐蚀介质的种类、浓度、温度以及 pH 等因素都有可能影响材料的腐蚀行为。在选择腐蚀介质时，应根据材料的实际应用环境和腐蚀类型来确定。例如，在海洋环境中使用的材料试验，可以选择含有氯离子的盐溶液作为腐蚀介质；对于在高温环境中使用的材料试验，可以选择高温高压水溶液作为腐蚀介质。此外，腐蚀介质的浓度和温度也需要根据测试需求进行控制。过高的浓度或温度可能导致试样在短时间内发生严重的腐蚀，而过低的浓度或温度则可能使腐蚀过程过于缓慢，延长试验时间。因此，在选择腐蚀介质时，需要进行充分的预试验和条件优化，以确保试验结果的准确性和可靠性。

（4）试验过程与记录

在恒载荷试验中，试验过程的控制和记录同样重要。试验过程中需要保持腐蚀介质的稳定性，避免其浓度、温度或 pH 等参数发生显著变化。同时，还需要定期观察试样的腐蚀情况，记录开裂时间、裂纹形态以及腐蚀产物等信息。

观察试样的腐蚀情况时，可以使用放大镜、显微镜或扫描电镜等设备进行观察。这些设备可以帮助我们更准确地了解试样的腐蚀行为和裂纹扩展情况。同时，还可以使用拍照或录像等方式对试样的腐蚀过程进行记录，以便后续分析和比较。

在试验结束后，需要对试验数据进行整理和分析。通过分析开裂时间、裂纹形态以及腐蚀产物等信息，可以评估材料的应力腐蚀敏感性，并为其在实际应用中的性能预测提供依据。

恒载荷试验是一种有效的应力腐蚀测试方法。通过精细的试样制备、准确的应力施加、合适的腐蚀介质选择以及严谨的试验过程与记录，可以获得关于材料应力腐蚀性能的宝贵信息，为材料的选择和使用提供重要参考。

#### 3.1.4.2 慢应变速率试验

慢应变速率试验是一种模拟材料在实际使用环境中动态应力腐蚀过程的测试方法（图 3.12）。通过这种方法，可以对材料的应力腐蚀开裂行为进行深入研究，从而评估其长期性能。在慢应变速率试验中，应变速率的控制是至关重要的，它直接影响着试验结果的准确性和可靠性。慢应变速率试验的过程通常包括试样的制备、腐蚀介质的选择、应变速率的确定、试验过程的控制以及数据的记录与分析等步骤。

图 3.12　慢应变速率试验装置

(1) 试样的制备

试样的形状、尺寸和表面状态需根据试验目的和材料的特性来确定。通常情况下，试样应具有代表性，能够反映材料在实际使用中的受力情况和腐蚀环境。同时，试样的制备过程需严格控制，避免引入缺陷或污染，以确保试验结果的准确性。

(2) 腐蚀介质的选择

腐蚀介质的种类、浓度和温度等因素都会对试样的应力腐蚀行为产生影响。因此，在选择腐蚀介质时，需充分考虑材料的实际应用环境和腐蚀类型，以确保试验能够真实反映材料的应力腐蚀性能。

(3) 应变速率的确定

应变速率的快慢直接影响到试样的断裂时间和断口形貌。如果应变速率过快，试样可能在未达到应力腐蚀开裂阶段就因机械应力而发生断裂，从而无法有效评估其应力腐蚀性能。相反，如果应变速率过慢，虽然能够更充分地模拟长期应力腐蚀过程，但会显著增加试验时间，提高测试成本。因此，选择合适的应变速率需根据材料的特性和测试目的进行综合考虑。

在确定了应变速率后，就可以开始进行试验了。在试验过程中，需严格控制腐蚀介质的条件，如温度、浓度等，以保持试验环境的稳定性。同时，还需定期观察试样的变形情况，记录断裂时间，并对断口形貌进行拍照或扫描，以便后续分析。

试验结束后，需要对收集到的数据进行整理和分析。通过分析试样的断裂时间和断口形貌，可以了解材料的应力腐蚀开裂行为，评估其应力腐蚀敏感性。此外，还可以结合其他测试方法，如电化学测试、金相分析等，对材料的应力腐蚀性能进行更全面的研究。

综上所述，慢应变速率试验是一种有效的应力腐蚀测试方法。通过精确控制应变速率和注意其他试验细节，可以获得关于材料应力腐蚀性能的重要信息，为材料的选择和使用提供重要参考。同时，这种方法也有助于我们深入理解材料的应力腐蚀机制，为优化材料设计和制定防腐蚀措施提供科学依据。

#### 3.1.4.3 电化学测试方法

电化学测试方法是通过测量材料在腐蚀介质中的电化学行为来评估其应力腐蚀敏感性的重要手段。其中，动电位极化曲线测试和电化学阻抗谱测试是两种常用的方法。

动电位极化曲线测试是通过改变电极电位来测量电流密度随电位变化的关系，从而得到极化曲线。这种方法可以揭示材料在腐蚀介质中的电化学行为，包括腐蚀速率、腐蚀电位等关键信息。通过分析极化曲线的形状和特征，可以评估材料的应力腐蚀敏感性，并了解腐蚀过程的机制和动力学。

电化学阻抗谱测试则是通过测量材料在腐蚀介质中的电化学阻抗随频率的变化来评估其电化学性能(图 3.13)。这种方法可以提供关于材料界面结构和腐蚀过程的详细信息，如电荷转移电阻、双电层电容等。通过分析电化学阻抗谱图，可以了解材料的腐蚀行为，包括腐蚀产物的形成和扩散过程等。

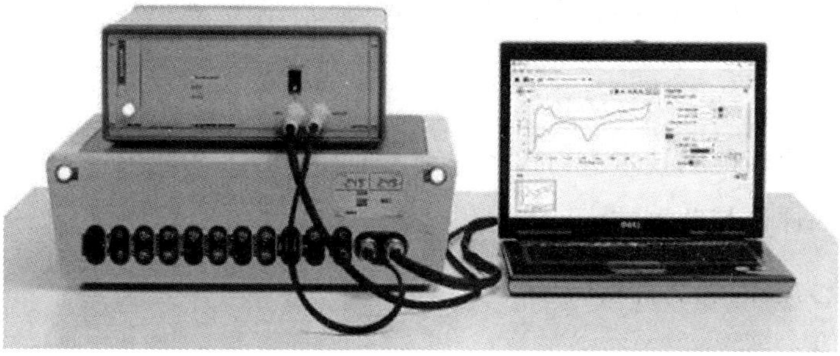

图 3.13　电化学阻抗谱测试装置

电化学测试方法具有高灵敏度、操作简便等优点，但同时也受到多种因素的影响。为了确保测试结果的准确性和可靠性，需要严格控制实验条件，这包括选择合适的腐蚀介质、控制温度、电解质浓度等参数，以及使用高精度的测试设备和仪器。此外，电化学测试方法还可以与其他测试方法相结合，如慢应变速率试验、金相分析等，以提供更全面、深入的关于材料应力腐蚀行为的信息。这些方法的结合使用可以相互补充，提高评估材料应力腐蚀敏感性的准确性和可靠性。

除了以上几种常用的测试方法外，还有一些其他方法如高温高压试验、环境扫描电镜观察等，也可以用于应力腐蚀的实验室测试。这些方法各有特点，可以根据具体需求进行选择。在进行应力腐蚀实验室测试时，还需要注意以下几点：

（1）严格控制实验条件，确保测试结果的准确性和可靠性，这包括控制腐蚀介质的种类、浓度、温度等参数，以及确保试样的制备和处理过程符合规定；

（2）选择合适的测试方法和评价指标，不同的测试方法和评价指标可能适用于不同的材料和腐蚀环境，因此需要根据实际情况进行选择。

应力腐蚀的实验室测试是一个复杂且精细的过程，需要综合考虑多种因素。通过选择合适的测试方法和评价指标，并严格控制实验条件，可以评估材料的应力腐蚀性能，为材料的选择和使用提供重要的参考依据。随着科学技术的不断进步和研究的深入，相信未来会有更多新的测试方法和技术出现，为应力腐蚀的研究提供更加全面和深入的支持。

### 3.1.5 应力腐蚀现场评价与监测技术

应力腐蚀对于许多工程结构的安全性和使用寿命具有重大影响，因此，对应力腐蚀现场评价与监测技术进行深入研究和应用显得尤为重要。以下将全面探讨应力腐蚀现场评价与监测技术的现状与发展。

#### 3.1.5.1 应力腐蚀现场评价方法

(1) 宏观检查法

宏观检查法是一种通过观察材料表面或断面来识别应力腐蚀裂纹或损伤的方法。它通常包括以下几个步骤：

① 现场准备：根据检查要求，确定检查区域和检查设备；清理和整理现场，确保观察环境的安全和整洁。

② 目视检查：使用肉眼或辅助工具(如放大镜、手电筒等)对材料表面进行仔细观察，特别注意材料的焊接区域、裂纹易发区域以及应力集中区域。

③ 敲击检查：使用小锤等工具轻轻敲击材料表面，通过声音变化来判断是否存在内部缺陷或损伤。

④ 记录与报告：详细记录观察到的裂纹或损伤情况，包括位置、形状、大小等信息。编写检查报告，提出处理意见和建议。

宏观检查法广泛应用于各种工程结构的应力腐蚀现场评价中，如桥梁、管道、压力容器等。通过宏观检查法，可以及时发现并评估应力腐蚀裂纹的扩展情况，为采取相应的修复措施提供依据。同时，宏观检查法还可以与其他无损检测方法相结合，形成一套综合评价体系，提高应力腐蚀评价的准确性和可靠性。

宏观检查法的优点有：宏观检查法通过观察材料表面或断面来识别应力腐蚀裂纹，直观明了，操作简便；相较于其他无损检测方法，宏观检查法不需要专门的设备和仪器，因此成本较低；宏观检查法适用于各种材料和工程结构的应力腐蚀现场评价，具有广泛的应用前景。

宏观检查法的缺点为：宏观检查法的结果往往受到观察者经验和主观因素的影响，可能导致误判或漏检；宏观检查法只能观察到材料表面的裂纹或损伤，对于内部缺陷或微小裂纹的识别能力有限；宏观检查法的结果可能受到环境因素的影响，如光照、温度等。

为了克服宏观检查法的缺点，提高其评价的准确性和可靠性，可以采取以下措施：提高观察者的专业素质和技能水平，减少主观因素对评价结果的影响；结合其他无损检测方法，提高评价的准确性；利用图像处理、人工智能等先进技术对观察结果进行辅助分析和判断，提高评价的精度和效率。

综上所述，宏观检查法作为应力腐蚀现场评价的一种基本方法，虽然具有一些局限性，但在工程实践中仍具有重要的应用价值。通过不断改进和提高评价技术，可以更好地应对应力腐蚀问题，保障工程结构的安全性和稳定性。

（2）无损检测法

无损检测法是一种非常重要的技术手段，它能够在不破坏材料或构件的前提下，对其内部的应力腐蚀裂纹或其他缺陷进行检测。这种方法对于确保工程结构的安全性和可靠性具有重要意义。

无损检测法包含多种具体技术，每种技术都有其独特的适用范围和优势。以下是一些常见的无损检测法及其在应力腐蚀评价中的应用。

① 磁粉检测

磁粉检测是检测铁磁性材料表面和近表面缺陷的有效方法。当材料表面或近表面的缺陷存在时，磁粉会被吸附在缺陷处，从而显示出裂纹或其他缺陷的位置和形状。磁粉检测对于应力腐蚀裂纹这种表面开口宽度很小的缺陷具有较高的灵敏度。

② 渗透检测

渗透检测方法适用于检测所有材料表面的开口缺陷。渗透液会渗入裂纹或其他表面缺陷中，随后通过去除多余的渗透液并施加显像剂，缺陷处会显示出明显的痕迹。渗透检测对于检测应力腐蚀裂纹同样非常有效。

③ 涡流检测

涡流检测主要适用于非铁磁性材料的表面和近表面缺陷检测。涡流检测利用电磁感应原理，通过测量材料中的涡流变化来检测缺陷。尽管涡流检测对表面光洁度要求较高，但其对非铁磁性材料中的应力腐蚀裂纹具有较高的灵敏度。

④ 超声波检测

超声波检测利用超声波在材料中传播时遇到缺陷会发生反射、折射等特性来检测缺陷(图 3. 14)。超声波检测可以检测到材料内部的缺陷，包括应力腐蚀裂纹，但可能需要专业的技能和经验来解读超声波信号。

图 3. 14　超声波检测

⑤ 射线检测

射线检测利用射线穿透材料时，遇到缺陷会发生散射或吸收的特性来检测缺陷。这种方法可以检测到材料内部的缺陷，并且可以得到缺陷的直观图像，但射线对人体有一定的伤害，使用时需要采取防护措施。图 3. 15 与图 3. 16 分别为射线检测的原理和设备。

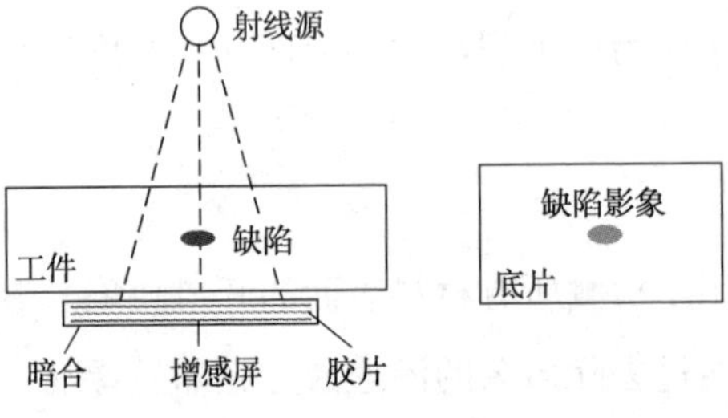


图 3. 15　射线检测原理

在实际应用中，无损检测法的选择应根据材料的种类、缺陷的性质、构件的形状和尺寸以及检测环境等因素综合考虑。此外，为了确保检测结果的准确性和可靠性，无损检测操作应由经验丰富的专业人员进行，并遵循相应的标准和规范。

图 3.16 射线检测设备

总的来说，无损检测法在应力腐蚀的现场评价中发挥着重要作用。合理地选择和应用这些无损检测技术，可以有效地发现和控制应力腐蚀裂纹等缺陷，从而保障工程结构的安全性和可靠性。

(3) 电化学方法

电化学方法通过测量材料在腐蚀介质中的电化学参数来评估其应力腐蚀敏感性。常用的电化学方法包括动电位极化曲线测试、电化学阻抗谱测试等。这些方法能够定量地评价材料的应力腐蚀性能，对于预测和预防应力腐蚀具有重要意义。但电化学方法通常需要专门的设备和仪器，且测试过程可能受到环境因素的影响。

#### 3.1.5.2 应力腐蚀现场监测技术

(1) 在线监测技术

在线监测技术是通过在构件表面安装传感器或监测设备，实时采集和记录与应力腐蚀相关的数据。这些数据包括腐蚀电位、电流密度、裂纹扩展速度等，能够反映材料在应力腐蚀过程中的动态变化。在线监测技术具有实时性、连续性和自动化的特点，能够及时发现并预警应力腐蚀的发生。然而，在线监测技术的实施成本较高，且对于极端环境或复杂构件的监测可能存在一定的技术难度。

(2) 遥感监测技术

遥感监测技术是利用遥感卫星或无人机等远距离监测设备，对大面积范围内的构件进行应力腐蚀监测。通过获取和分析遥感图像，可以识别出可能存在的应力腐蚀裂纹或损伤。遥感监测技术具有监测范围广、速度快、成本相对较低等优点，适用于对大型工程结构或难以接近的构件进行应力腐蚀监测。但遥感监测技术的分辨率和准确性可能受到天气、光照等自然因素的影响。

随着科学技术的不断进步，应力腐蚀现场评价与监测技术也在不断发展和完善。未来，期待有以下几个方面的进步。

(1) 评价方法的多元化与集成化：结合多种评价方法，形成一套综合评价体系，以提高应力腐蚀评价的准确性和可靠性。

(2) 监测技术的智能化与自动化：利用人工智能、物联网等先进技术，实现应力腐蚀监测的智能化和自动化，提高监测效率和预警准确性。

(3) 数据的深度挖掘与利用：通过对大量监测数据进行深度挖掘和分析，揭示应力腐蚀的演变规律和影响因素，为预防和控制应力腐蚀提供科学依据。

总之，应力腐蚀现场评价与监测技术是确保工程结构安全性和延长使用寿命的重要手段。通过不断研究和应用新技术、新方法，可以更好地应对应力腐蚀问题，保障工程结构的安全稳定运行。

## 3.2 马氏体不锈钢应力腐蚀研究案例分析

### 3.2.1 研究背景

1Cr12Ni3Mo2VN 马氏体不锈钢是一种具有特殊合金配比的耐热合金钢，在国内外电力行业中均有着广泛的应用。特别是在那些对材料性能要求严苛的场合，它更是凭借其出色的性能脱颖而出。合金中铬的含量(质量分数)控制在 11.5%~12.5%，这一配比赋予了钢材优异的耐腐蚀性能，使其在各种恶劣环境下都能保持稳定的工作状态。

在力学性能方面，1Cr12Ni3Mo2VN 钢展现出了其独特的优势。它具有较高的强度、硬度和良好的可加工性，使得其成为制造汽轮机转子及叶片的理想材料。汽轮机转子及叶片是汽轮机的核心部件，其性能直接影响到整个机组的运行效率和安全性。而1Cr12Ni3Mo2VN钢的高强度特性，正好满足了汽轮机转子及叶片在高速运转时所需承受的巨大离心力。

然而，随着材料强度的提高，应力腐蚀发生的概率也相应增加。这种失效行为往往是在毫无预警的情况下突然发生的，给设备的运行带来极大的风险。特别是汽轮机末级转子与叶片这样的关键部件，通常是在高温和高蒸汽压力环境下工作，一旦发生脆性断裂失效，后果将不堪设想。

为了深入研究这一问题，选择了来自两个不同厂商、牌号相同的1Cr12Ni3Mo2VN钢进行对比研究。尽管这两种钢材在成分和热处理工艺上都非常相似，但它们的应力腐蚀抗性却表现出了明显的差异，可以通过对比研究来揭示影响钢材应力腐蚀抗性的关键因素。在研究过程中，采用了多种实验手段和技术。通过恒载荷法对应力腐蚀进行了深入研究，揭示了应力腐蚀的发生机制和影响因素。此外，借助X射线衍射、光学显微镜、透射电子显微镜和扫描电子显微镜等表征手段，对试样的内部结构进行了观察和分析，进一步揭示了材料性能与结构之间的关系。通过实验研究，可以更好地理解1Cr12Ni3Mo2VN钢的应力腐蚀问题，还可以为改进材料的性能提供有益的指导。同时，这些研究也为电力行业和其他相关领域提供了重要的参考和借鉴价值，有助于推动相关技术的进步和发展。

### 3.2.2 试验材料和方法

应力腐蚀试验材料为两种1Cr12Ni3Mo2VN钢，分别来自两个不同的厂商，标记为JM152-A和JM152-B，它们的化学成分详列于表3.1。

表3.1 1Cr12Ni3Mo2VN钢的化学成分(质量分数) %

| 试样 | C | Si | Mn | Mo | Cr | Ni | V | N | Fe |
|---|---|---|---|---|---|---|---|---|---|
| JM152-A | 0.14 | 0.25 | 0.82 | 1.78 | 11.77 | 2.69 | 0.35 | 0.025 | Balance |
| JM152-B | 0.15 | 0.13 | 0.79 | 1.82 | 12.03 | 2.61 | 0.30 | 0.028 | Balance |

在相同的工艺条件下，对这两种钢材进行了热处理。首先，对尺寸为30mm×30mm×110mm的钢锭进行了固溶处理。这一过程的温度设定为1010℃，保温时

间为 2h，之后通过油淬冷却至室温。紧接着进行了时效处理，时效温度设为 565℃，保温时间为 4h，完成后空冷至室温。时效处理重复进行了两次，每次的工艺参数均保持一致。热处理完成后，利用线切割机从钢材中切出了直径为 10mm 的圆棒，按照图 3. 17 中给出的尺寸加工成了应力腐蚀试样。这些试样将用于后续的试验和分析。

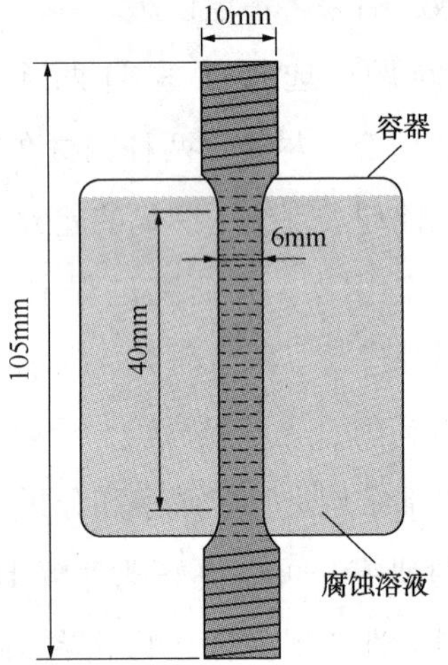


图 3. 17　应力腐蚀试验示意

热处理之后对 JM152-A 与 JM152-B 两种钢材的结构进行表征。使用透射电子显微镜对微观结构进行观察。透射电镜样品制备时，所用双喷腐蚀液为 5%高氯酸(体积分数)和 95%无水乙醇(体积分数)的混合溶液。使用光学显微镜对材料进行金相观察分析。金相样品制备时，金相腐蚀剂为 22mL 的 HCl、22mL 的 $C_2H_5OH$、22mL 的 $H_2O$ 以及 1g 的 $CuCl_2$ 混合液。从热处理后的金属块上切下尺寸为 12mm×12mm×12mm 的方块，打磨之后进行 XRD 测试分析。

采用恒载荷法进行应力腐蚀试验，图 3. 17 为应力腐蚀试验装置示意图。图 3. 18 为 JM152-A 与 JM152-B 两种钢材的应力应变曲线，根据应力应变曲线可以得到材料的力学性能参数。表 3. 2 给出了在静拉伸下 JM152-A 与 JM152-B 两种钢材的力学性能参数。两种钢材在屈服强度的 75%、60%和 50%三种应力水平下进行应力腐蚀试验。具体应力值可根据表 3. 2 中相关数据计算得出。

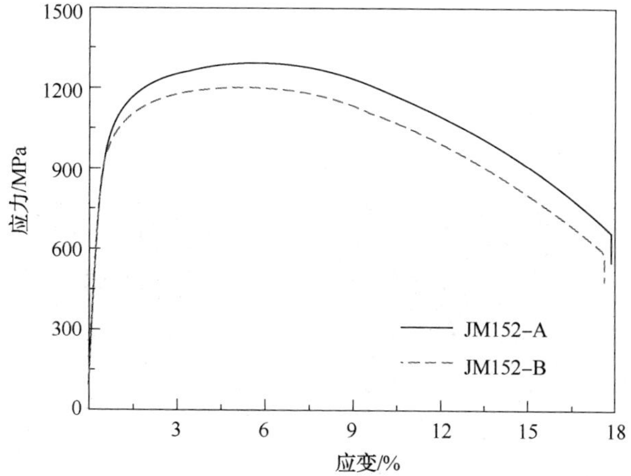


图 3.18　JM152-A 与 JM152-B 两种钢材的应力应变曲线

**表 3.2　JM152-A 与 JM152-B 两种钢材的力学性能参数**

| 试样 | 屈服强度/MPa | 抗拉强度/MPa | 伸长率/% | 断面收缩率/% |
|---|---|---|---|---|
| JM152-A | 1000.15 | 1283.31 | 17.19 | 69.87 |
| JM152-B | 988.49 | 1199.62 | 16.93 | 71.29 |

### 3.2.3　微观结构表征结果

图 3.19 给出了马氏体不锈钢 JM152-A 与 JM152-B 的 X 射线衍射分析结果。从图中可知，两种不锈钢中都只显示出马氏体组织的 α 相，钢中并未发现 γ 相，说明钢中奥氏体含量很少。

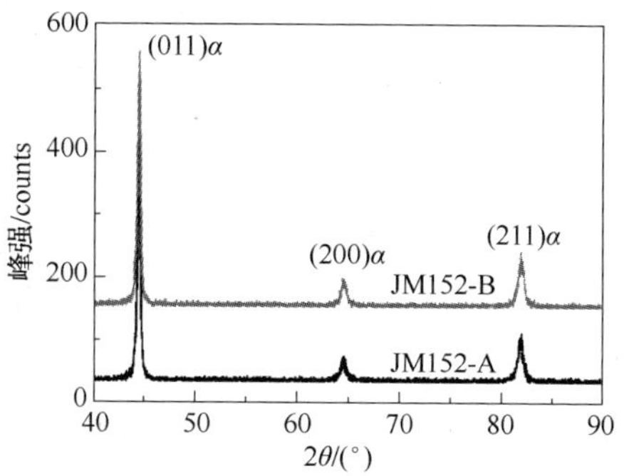


图 3.19　JM152-A 与 JM152-B 的 X 射线衍射图谱

图 3.20 给出了 JM152-A 与 JM152-B 两种钢的金相照片。其中图 3.20(a)与图 3.20(c)为 JM152-A 钢，图 3.20(b)与图 3.20(d)为 JM152-B 钢。在两种钢的金相图片中均可观察到板条马氏体组织。此外，根据原奥氏体晶界可以判断，两种钢的原奥氏体晶粒尺寸相近，约为 50μm。

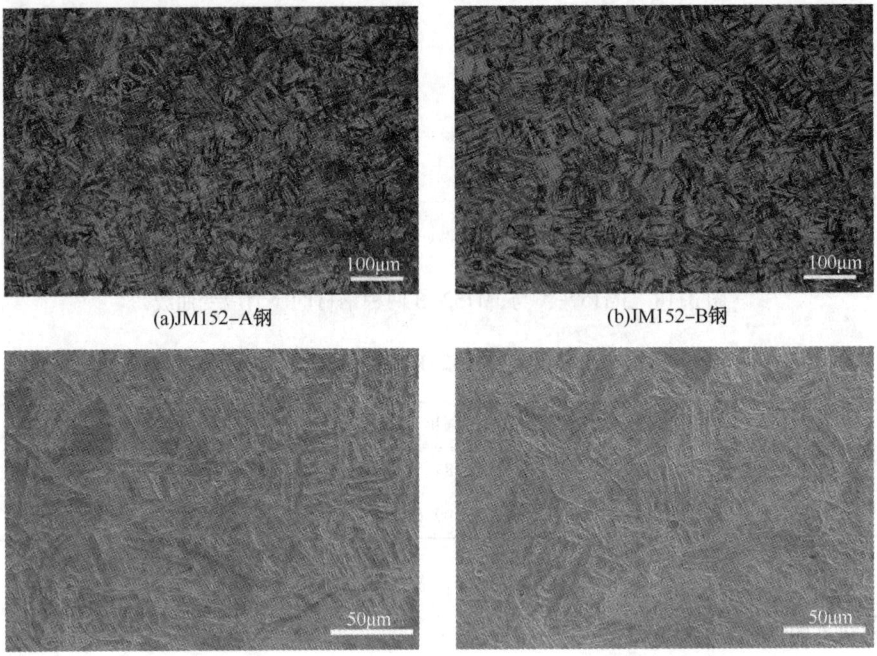


(a)JM152-A钢　(b)JM152-B钢

(c)JM152-A钢　(d)JM152-B钢

图 3.20　JM152-A 钢与 JM152-B 钢的金相图片

图 3.21 为 JM152-A 与 JM152-B 马氏体不锈钢的透射电子显微镜图片。其中图 3.21(a)与图 3.21(b)为 JM152-A 钢，图 3.21(c)与图 3.21(d)为 JM152-B 钢。对比两种钢的 TEM 图片可知，JM152-A 钢与 JM152-B 钢的微观结构并无明显差别，钢中的组织均以板条马氏体为主，马氏体板条宽度约为 500nm。

金相分析中发现两种钢中均含有数量可观的夹杂物。在对试样打磨与抛光后，不进行腐蚀处理，直接进行观察。图 3.22 是在光学显微镜下 JM152-A 钢与 JM152-B 钢中夹杂物的形貌图。从图可知，两种钢的夹杂物均呈球状，而 JM152-A 钢中的夹杂物尺寸要明显大于 JM152-B 钢中的夹杂物。从图 3.23 的扫描电子显微镜图片中可以得出相同的结果。结合 EDS 能谱分析可知，两种钢中夹杂物的组成元素相同，均为 O 元素和 Al 元素。依照元素比例可判断出，钢中的夹杂物为 $Al_2O_3$。

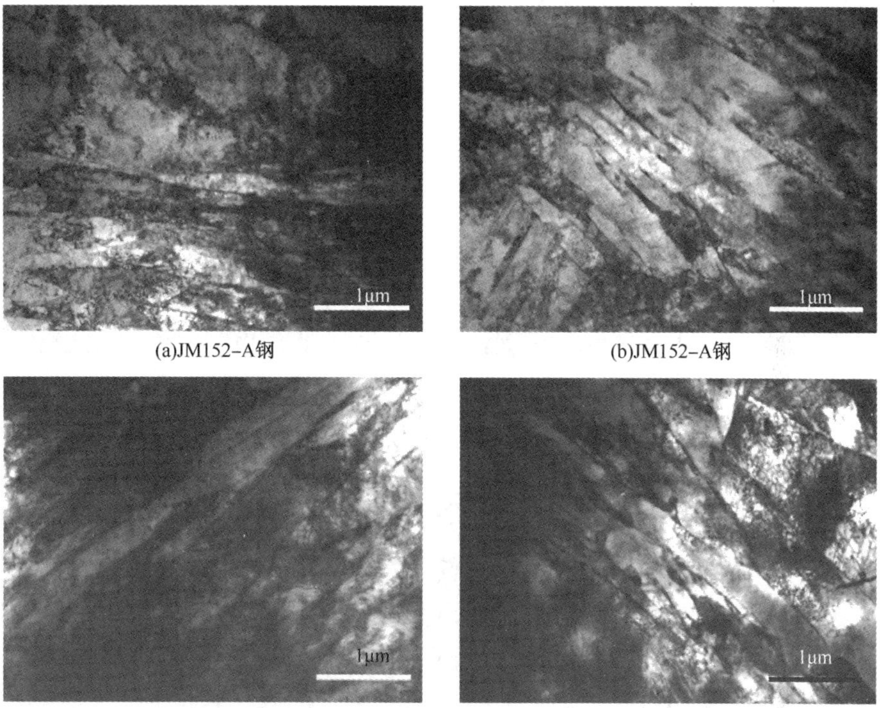


(a)JM152-A钢　(b)JM152-A钢

(c)JM152-B钢　(d)JM152-B钢

图 3.21　JM152-A 与 JM152-B 马氏体不锈钢的 TEM 图片

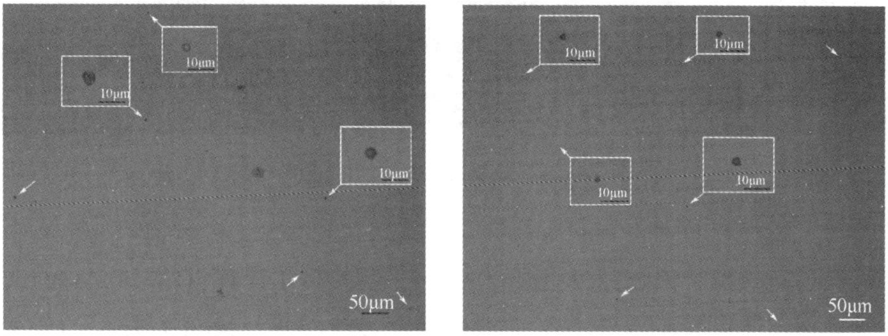


(a)JM152-A钢　(b)JM152-B钢

图 3.22　光学显微镜下 JM152-A 钢与 JM152-B 钢中夹杂物形貌图

图 3.24 为 JM152-B 钢中夹杂物的 EDS 面扫描结果。根据面扫描结果，夹杂物处以 Al 元素以及 O 元素为主，说明此处为 $Al_2O_3$ 夹杂物。而基体处则显示出马氏体不锈钢中的 Fe、Cr 以及 Mo 等元素。

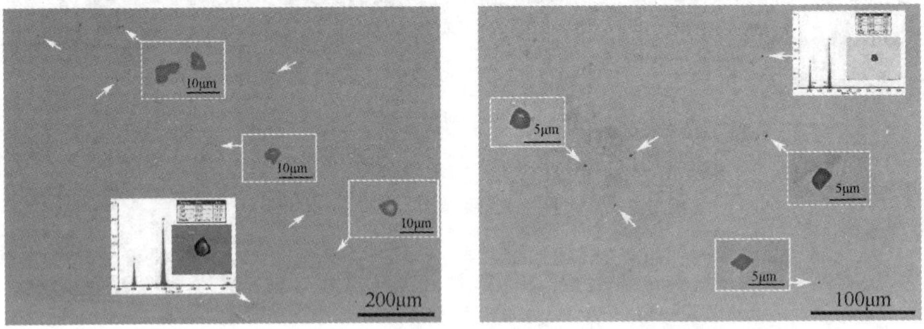


(a)JM152-A钢　　(b)JM152-B钢

图 3.23　扫描电子显微镜下 JM152-A 钢与 JM152-B 钢中夹杂物形貌图

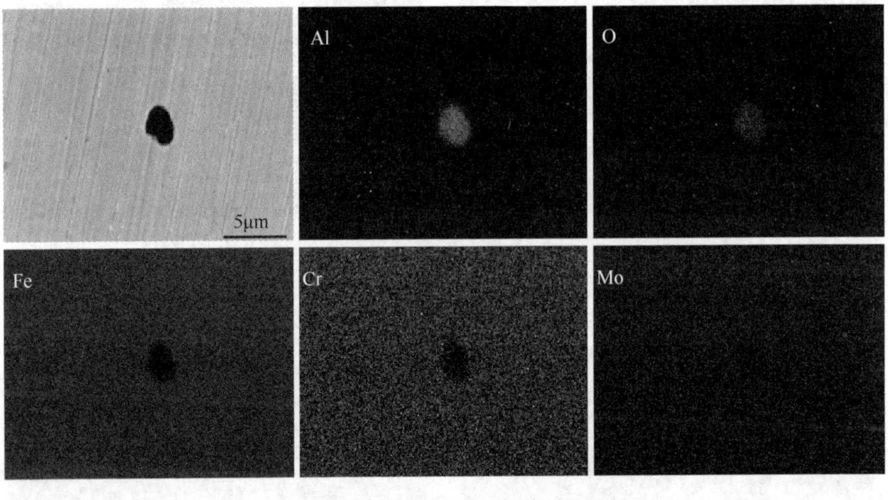


图 3.24　夹杂物 EDS 面扫描分析

图 3.25(a)是 JM152-A 与 JM152-B 马氏体不锈钢中，夹杂物的尺寸统计图。由图可知，虽然两种钢中夹杂物都是 $Al_2O_3$，但其尺寸具有明显差异。JM152-A 钢中的夹杂物尺寸明显大于 JM152-B 钢中的夹杂物。图 3.25(b)给出了 JM152-A 钢与 JM152-B 钢夹杂物尺寸的概率分布图。根据图中数据计算可知，JM152-A 钢中夹杂物的平均尺寸约为 4.61μm，而 JM152-B 钢中夹杂物的平均尺寸约为 2.11μm。

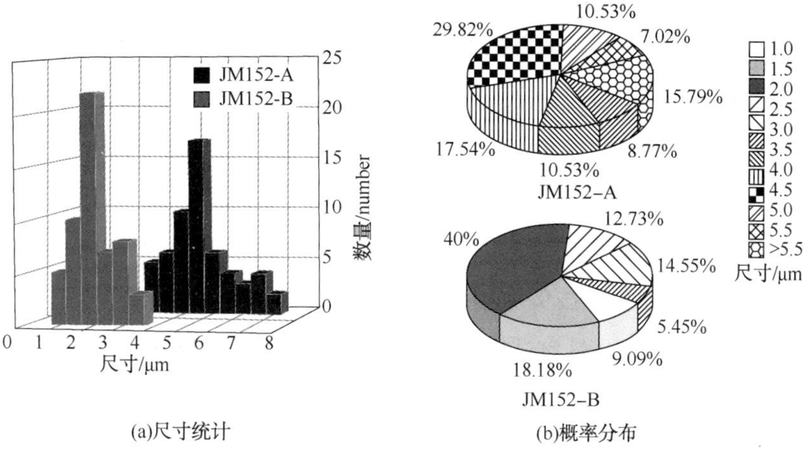


图 3. 25　夹杂物统计

## 3. 2. 4　应力腐蚀试验结果

图 3. 26 给出了两种钢应力腐蚀的实验结果。在每一级应力水平下，每一种钢材都有三个应力腐蚀试样。应力腐蚀最长施加载荷时间为 5000h，图中黑色实心三角形代表未达到 5000h 而断裂的试样，空心三角形代表达到 5000h 测试时间而未断的试样。由结果可知，随着应力水平的下降，试样的测试时间明显增加。在最高应力水平下，6 根试样中 5 根发生断裂；在中间的应力水平下，只有 1 根试样发生断裂；在最低的应力水平下，无试样发生断裂。

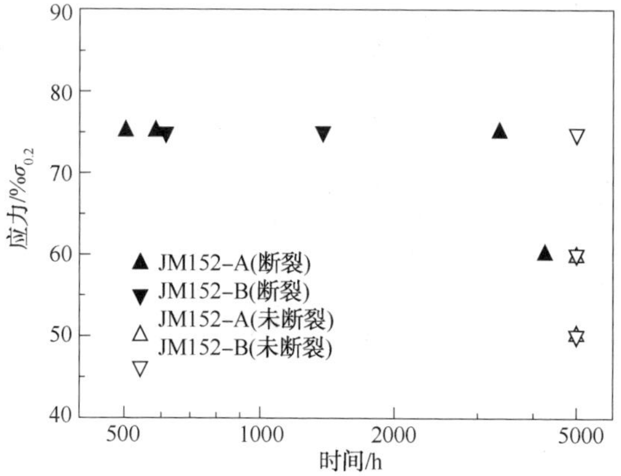


图 3. 26　JM152-A 钢与 JM152-B 钢应力腐蚀实验结果

对比两种钢材，发现在75%屈服强度的应力水平下，JM152-A试样全部发生断裂，而JM152-B有1根试样未发生断裂，同时，JM152-A试样会较早发生断裂。在60%屈服强度时，JM152-A试样有1根发生断裂，而JM152-B试样均未发生断裂。对比结果表明，JM152-A钢比JM152-B钢更容易发生应力腐蚀。

图3.27是应力腐蚀试样断口扫描电子显微镜图片。其中图3.27(a)是JM152-A钢在75%屈服强度的应力水平下，加载504h后断裂试样的宏观断口图，图3.27(b)与图3.27(c)是该试样的微观断口形貌。图3.27(d)是JM152-B钢在75%屈服强度的应力水平下，加载618h后断裂试样的宏观断口图，图3.27(e)与图3.27(f)是该试样的微观断口形貌图。由图3.27(b)与图3.27(e)可知，应力腐蚀试样的断口上呈现出沿晶断裂的特征形貌。这表明在拉伸应力与NaCl腐蚀溶液的作用下，晶间腐蚀是导致应力腐蚀开裂的主要原因。在应力腐蚀试样的断口上还能找到一些浅韧窝形貌区，如图3.27(f)所示，这种形貌是在试样最终断裂时所形成的。

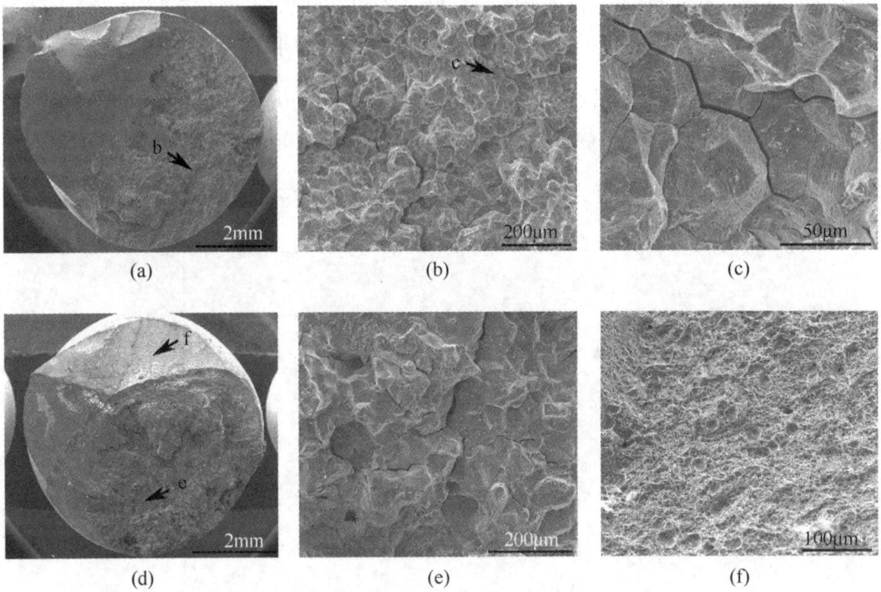


图3.27　应力腐蚀试样断口扫描电子显微镜图片

### 3.2.5 分析与讨论

以上实验针对汽轮机叶片材料 1Cr12Ni3Mo2VN 马氏体不锈钢的应力腐蚀问题进行了研究。结果表明，这种不锈钢在 NaCl 溶液和力的共同作用下较易发生应力腐蚀开裂。来自两个不同厂商的 1Cr12Ni3Mo2VN 马氏体不锈钢材料，具有相似的合金成分以及相同的热处理工艺。然而，研究发现，JM152-B 钢的抗应力腐蚀性能强于 JM152-A 钢。过往研究表明，钢中的结构，例如晶粒尺寸、奥氏体相、析出相以及位错等，对材料在腐蚀环境中的性能具有显著的影响。在实验中通过分析材料的微观结构，两种不锈钢中均未发现明显的奥氏体相。同时，两种钢材的原奥氏体晶粒尺寸相近，说明晶界也不是造成两种钢耐蚀性不同的主要因素。此外，在相同的热处理工艺下，两种钢材中第二相的存在情况相同，因此第二相对于 JM152-A 钢与 JM152-B 钢应力腐蚀的影响没有区别。

而在对比两种材料的钢中夹杂物时发现，夹杂物尺寸明显不同。进一步研究发现，两种钢中的夹杂物均为球状的 $Al_2O_3$，而 JM152-A 钢中的夹杂物尺寸要远大于 JM152-B 钢中的夹杂物。钢中夹杂物分为可变形夹杂物与不可变形夹杂物。据报道，脆性夹杂物具有不可变形的特性，容易引起应力腐蚀失效。而可变形夹杂物在材料受力时可随着基体一同发生变形，因此能避免裂纹在夹杂物与基体的界面处形核。如图 3.28 所示，裂纹形核于含 Al 的脆性夹杂物 B 处，而非含 Si 的可变形夹杂物 A 处。在本研究中，在两种钢材中发现的 $Al_2O_3$夹杂物同样属于脆性夹杂物，这种不可变形的夹杂物在材料的应力腐蚀开裂及氢脆断裂中起着重要作用，使得 JM152-A 与 JM152-B 马氏体不锈钢的抗应力腐蚀与抗氢脆性能变差。

此外，减小夹杂物尺寸有助于提高材料的韧塑性，因为降低夹杂物尺寸可以缓减夹杂物处的应力集中，减小裂纹形核的可能性。由试验结果可知，相较于 JM152-A 马氏体不锈钢，拥有较小夹杂物尺寸的 JM152-B 钢在 NaCl 溶液中可以负载较长时间的拉伸应力，这证明了含有较小的夹杂物有利于材料抵抗应力腐蚀开裂。

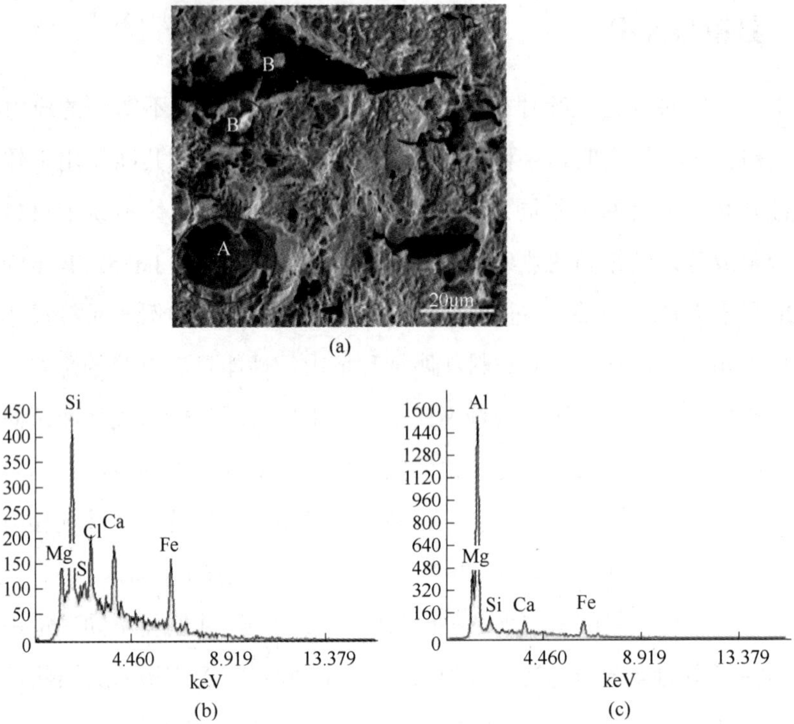


图 3. 28　夹杂物的可变形性与裂纹形核关系

# 3. 3　马氏体不锈钢应力腐蚀工程案例分析

## 3. 3. 1　工程应用背景

马氏体不锈钢因其优异的机械性能和耐腐蚀性而被广泛用于制造工程部件。其性能可以通过热处理来改变，使它们适用于各种应用，如蒸汽发生器、压力容器、搅拌器叶片、切割工具和石油开采的海上平台等。一般来说，这些合金在轻腐蚀环境中是耐腐蚀的。它们的耐蚀性取决于以下因素：铬和碳含量、奥氏体化后基体中碳化物的体积分数、回火过程中碳化物析出的控制。因此，为了获得最大强度，应考虑钢的含碳量和热处理条件。

某水电站大坝的泄洪道，其闸门由两个重力关闭的简单活塞液压缸启动。在纵向上对每个活塞杆施加 3010kN 的力，使闸门打开，并一直保持打开状态。该泄洪道运行已有 37 年。经检测，在活塞杆上分别发现了 3 条裂缝，裂缝位于活塞杆底部。由于水的存在，可以观察到一定的腐蚀。对水库的水质进行分析，显示含有一定量的氯、钠和镁，其 pH 小于 6.3。

## 3.3.2 试验材料和方法

图 3.29 给出了失效活塞杆螺纹端及裂纹位置示意。对断裂部位的两处取样进行了化学成分检测，结果见表 3.3。从断裂活塞杆上获得纵向试样，随后进行室温拉伸试验。拉伸试验结果见表 3.4。

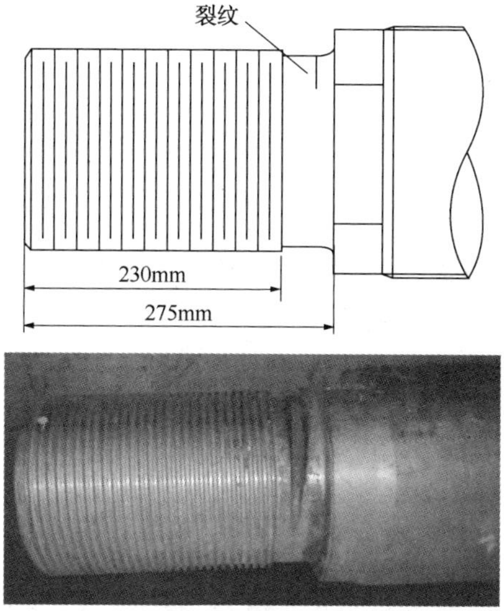


图 3.29 失效活塞杆螺纹端及裂纹位置示意

表 3.3 断裂部位的化学分析结果(质量分数) %

| | C | Cr | Ni | Mn | Mo | P | S | Si | Cu |
|---|---|---|---|---|---|---|---|---|---|
| 取样一 | 0.12 | 12.4 | 0.28 | 0.86 | <0.05 | 0.027 | 0.006 | 0.43 | <0.05 |
| 取样二 | 0.12 | 12.4 | 0.28 | 0.86 | <0.05 | 0.027 | 0.006 | 0.43 | <0.05 |
| ASTM 标准 | 0.08~0.15 | 11.5~13.5 | — | <1 | — | <0.04 | <0.03 | <1 | — |

表 3.4　断裂活塞杆纵向试样拉伸试验结果

| | 屈服强度/MPa | 抗拉强度/MPa | 断面收缩率/% | 拉伸模量/GPa |
|---|---|---|---|---|
| 试样一 | 603 | 752 | 58.6 | 201.5 |
| 试样二 | 649 | 714 | 57.8 | 198.2 |
| 试样三 | 517 | 669 | 59 | 216.4 |
| ASTM 标准 | >550 | >690 | >45.0 | 205.5 |

为表征活塞杆断裂部位的微观组织，从断裂活塞杆的中心到边缘切割了几个样品。样品打磨抛光后，用腐蚀剂(5mL 盐酸、1g 苦味酸和 100mL 乙醇)蚀刻，并使用光学显微镜观察。扫描电镜(SEM)用来分析失效的活塞杆断裂面。

### 3.3.3　失效分析结果

目测分析表明，在活塞杆两部分之间的过渡处，有一条横向于轴线的平面断裂，直径分别为 17cm 和 21.5cm。图 3.30 展示了断口表面形貌。

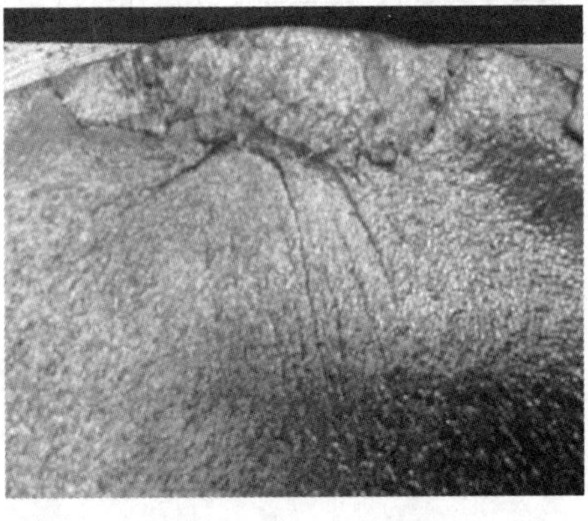

图 3.30　断口表面形貌

在断裂的活塞杆表面，观察到强烈的晶间腐蚀和裂纹的晶间扩展，并伴有次生裂纹和一些抽出的晶粒(图 3.31)。从不同区域(从活塞杆中心到外缘)获得的样品经试剂蚀刻后，显示出完全回火的马氏体微结构，其中有排列整齐的 δ 铁素体区域(图 3.32)。为了进一步分析钢中组织，拍摄了 SEM 高倍图片，用以表征钢中的原奥氏体晶粒以及 δ 铁素体(图 3.33)。从活塞杆中心到外缘，横截面上显微结构展示出均匀性，这是热处理过程中均匀冷却的特征。活塞杆马氏体结构中形成的δ铁素体降低了其机械性能，尤其是韧性。

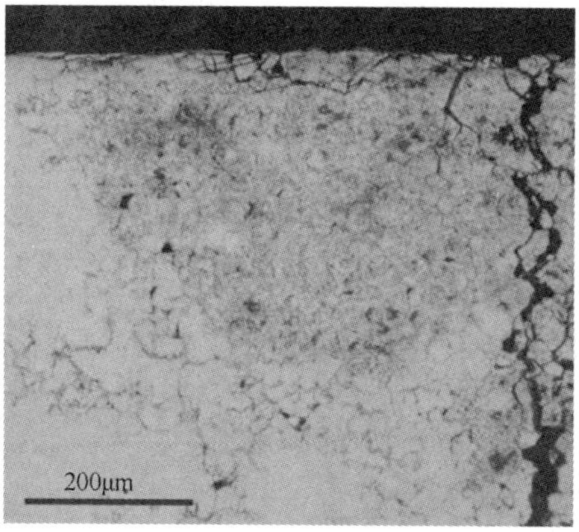


图 3.31 活塞杆晶间腐蚀和裂纹的晶间扩展

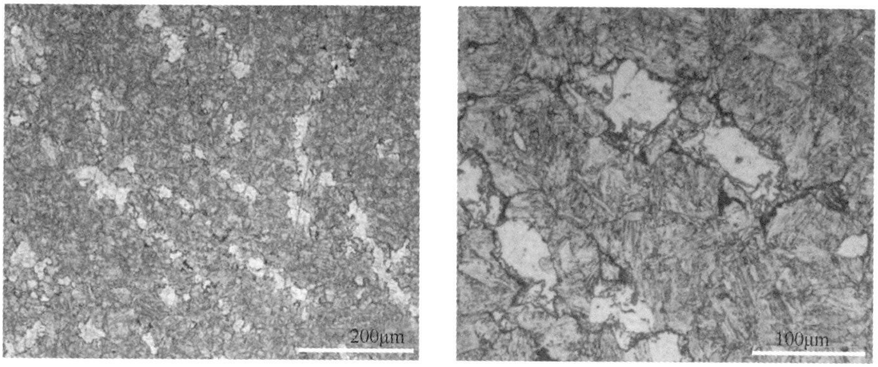


(a)回火马氏体 (b)δ铁素体

图 3.32 马氏体不锈钢组织

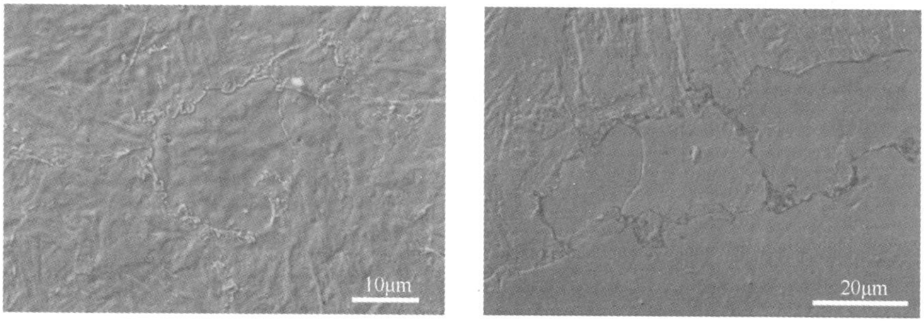


(a)原奥氏体晶界 (b)δ铁素体

图 3.33 马氏体不锈钢 SEM 图片

断口分析表明，对于断裂试样表面，不仅在开裂区域，包括整个断口表面都是带有解理特征的晶间开裂模式(图 3. 34)。这种断口特征是典型的脆性断口特征，表明服役部件在腐蚀环境中发生了非预期的提前断裂失效。马氏体不锈钢的晶间开裂特征是典型的回火脆化过程，裂纹通过奥氏体晶界扩展。

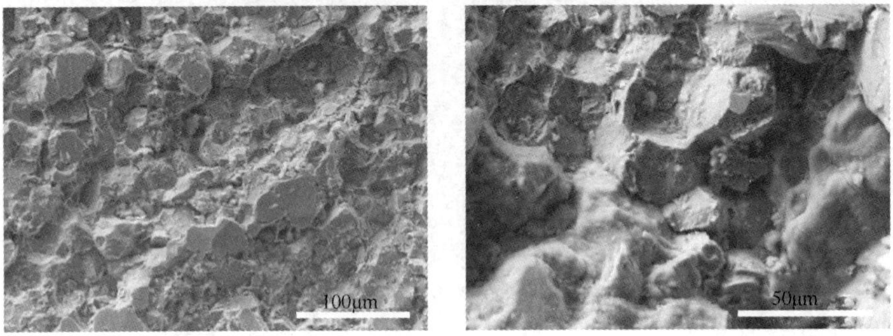


(a)低倍图片　　(b)高倍图片

图 3. 34　断口表明 SEM 图片

上述是针对泄洪闸液压缸活塞杆的失效分析。结果表明，活塞杆失效的原因是钢的韧性和耐腐蚀性降低，这与活塞杆部分临界过渡区的缺口效应有关。这些条件加上水的腐蚀作用，导致应力腐蚀裂纹成核，并在液压缸的循环应力作用下加速扩展，直至完全断裂。制造活塞杆所用的马氏体不锈钢的性能发生变化，原因可能是在制造过程中热处理不当，导致 $\delta$ 铁素体含量高，发生回火脆化，以致韧性降低，容易发生应力腐蚀开裂。

根据以上研究，建议通过液体渗透测试检查泄洪道上运行的所有活塞杆，并更换出现裂纹的活塞杆。此外，通过添加润滑脂或密封剂保护活塞杆的关键区域不受潮气或水的影响。对于新的活塞杆，应当确保其力学性能达到标准要求，且增加规定，在回火处理后，材料的冲击韧性不低于某一最低值。

# 第4章 马氏体不锈钢的氢脆

在金属材料的领域中，氢脆作为一种常见的材料失效形式，始终是研究者关注的焦点。其中，马氏体不锈钢由于其高强度、优良的抗腐蚀性能及良好的焊接性能，被广泛应用于水轮机、汽车、核电站核主泵等关键工业领域。然而，随着这些材料在复杂环境中的广泛应用，特别是在氢环境下的服役，其氢脆问题日益凸显，给材料的安全使用带来了极大的挑战。

氢脆是指金属材料在一定条件下因氢的侵入而变脆的现象。这种现象极大地降低了材料的韧性和强度，甚至可能引发灾难性的后果。马氏体不锈钢在氢环境下的氢脆敏感性较高，这一特点限制了其在某些极端条件下的应用。为了深入了解马氏体不锈钢的氢脆机理，探寻其影响因素，以及提出有效的预防措施，对马氏体不锈钢的氢脆进行深入研究尤为重要。

氢在材料中的行为是复杂的，它可能与金属中的碳、氮等元素形成氢化物，导致材料中出现微裂纹、脆性等缺陷。马氏体不锈钢虽然具有许多优良的性能，但其特殊的组织结构也可能使其在氢环境下更易受到损害。因此，需要系统研究马氏体不锈钢的氢脆行为，包括氢在材料中的扩散、聚集和氢化物的形成过程，以及这些过程如何影响材料的力学性能和断裂行为。

此外，马氏体不锈钢的氢脆敏感性还受到多种因素的影响，如热处理工艺、合金元素含量、微观组织结构等。这些因素如何影响氢在马氏体不锈钢中的行为，以及如何通过调整这些因素来降低材料的氢脆敏感性，也是我们需要深入探讨的问题。

综上所述，马氏体不锈钢的氢脆研究不仅具有重要的理论价值，而且对于指导材料的实际应用、提高材料的安全性能也具有深远的意义。通过以下研究，能够更深入地理解马氏体不锈钢的氢脆机理，为材料的优化设计和安全使用提供科学依据。

## 4.1 马氏体不锈钢氢脆概述

### 4.1.1 金属中的氢

氢是自然界中最小的原子，同时也是最轻的原子，其相对原子质量为1.00794，在元素周期表中位于第一，化学符号为H。氢是宇宙中含量最多的元素，约占宇宙质量的75%。在地球上，氢大多和其他元素以化学结合的方式存在，自然条件下形成的游离态氢单质较为罕见。

氢原子具有极强的还原性，在高温下非常活泼。除了稀有气体之外，氢几乎可与所有元素形成化合物。在标准温度与压力条件下，两个氢原子可形成双原子分子气体，即氢气。氢也是水和绝大部分有机物的组成元素。在酸碱化学反应中，通常会涉及氢离子的交换。氢作为最简单的原子，在原子物理和量子力学等领域中有着特别的价值，对相关理论的发展起着重要作用。

由于氢原子具有最小的体积，因此它可以穿过各种材料，或进入材料的内部。一些真空设备，即使其具有非常良好的密封性能，但也不能阻挡氢从金属壁中穿透过去而进入真空腔中。三维原子探针技术可以鉴别材料的组成原子，并对这些原子的空间分布进行描述。在理想的真空条件下，利用该技术能在原子尺度上精确分析材料的组成与结构。然而在分析中，不可避免地会伴有氢的干扰，这正是因为氢原子不能完全从真空腔体中被去除掉。氢原子的特性决定了它与金属材料不可避免地会相伴在一起。因此，对于氢与金属这一课题需进行广泛而深入的研究。

金属中氢的来源可分为两类：一类是在金属的制造及加工过程中留存在材料

内部的氢，也称为内氢；另一类是在材料的服役过程中渗入金属内部的氢，称为外氢。

金属中的内氢主要有以下几种来源。

(1) 熔炼及浇铸过程中的氢

在金属的熔炼及浇铸过程中，空气中以及原料中的水分子均可提供氢原子。在熔炼过程中，熔炉内水分子分解出的氢原子会进入钢水中，之后会随着浇铸过程保留在铸坯中。熔炼时，钢水中氢的浓度可达 2~3ppm($10^{-6}$)，甚至更高。因此，对于氢脆敏感性较高的材料，在后续的加工与使用中需考虑除氢步骤。

(2) 酸洗过程中的氢

酸洗是利用酸溶液除去钢铁表面的氧化皮与腐蚀物的一种工艺，可以起到清理金属表面的目的。炼制好的钢锭一般需要采用酸洗工艺进行清洁处理，同时也为后续的一些加工，如电镀、轧制等做准备。由于酸洗过程中不可避免地存在酸液与金属的电化学反应，其中基体金属发生阳极溶解，而阴极反应会析出氢原子。氢原子在扩散作用下会进入金属内部。酸洗过程产生的氢原子数量庞大，尤其是在使用硫酸与盐酸等强酸时，会有大量的氢进入材料的内部，形成隐患。为减少酸洗时进入金属的氢原子数量，一般在酸洗溶液中加入一定量的有机分子，如醇类、酚类、醛类等。这些分子量较高的物质可以吸附在金属表面，抑制析氢反应的进行。

(3) 电镀过程中的氢

电镀是利用电解反应在金属基体表面沉积一层金属或合金的方法。通过电镀可提高材料的耐蚀与耐磨等性能，同时也具有增加美观的效果。常见的电镀处理有镀铬、镀镍、镀锌等。电镀过程同样会生成氢，致使材料中的氢含量升高。这是因为在电镀时，所加持的电流除了贡献于电解沉积反应，同时也会为电化学充氢反应提供条件，从而产生氢原子。因此，在对金属材料，尤其是高强度、高硬度材料进行电镀处理后，都需进行去氢处理，以防止发生氢脆失效。

(4) 焊接过程中的氢

在对材料进行焊接处理时，由于金属上局部区域具有很高的温度，这时有可能将环境中的水分子分解为氢原子，从而产生了氢源。相较于气焊，在使用焊条进行焊接时，由于焊条中含有水分，会有更多的氢原子产生，而金属焊缝中的氢含量也会更高。针对在焊接过程中进入金属中的氢，可以对金属实施加热处理。由于在高温环境下氢的扩散作用得到加强，因此可以利用加热处理将金属中的氢释放出去，以降低材料氢脆失效的可能。

金属材料在服役过程中，外部环境中的氢会进入材料内部，这种氢称为外氢。氢从外部进入金属，主要有两种方式：气态氢渗入与电化学充氢。

(1) 气态氢渗入

金属在服役时，外部环境中有时会有氢气存在。氢气分子体积较大，因此较难直接进入金属内部。然而氢气在与金属基体接触时，分子态的氢会吸附在金属表面，之后进一步分解为氢原子。氢原子随之通过扩散作用进入金属内部。

相关研究指出，氢的渗入量与压力及温度有关。Sieverts 等人提出了氢含量与氢压的关系：

$$C = KP_{H_2}^{1/2} \tag{4.1}$$

式中 $C$——金属中氢浓度；

$K$——氢浓度与氢压关系数；

$P_{H_2}$——氢气压力。

而 Armbruster 等人在此基础上加入温度的影响因素，得出以下关系：

$$C = 42.7P_{H_2}^{1/2}\exp\left(-\frac{3280}{T}\right) \tag{4.2}$$

式中 $C$——金属中氢浓度；

$P_{H_2}$——氢气压力；

$T$——温度。

从以上关系式可知，外部环境中氢气压力越大、温度越高，氢浓度也就越高。这意味着更多的氢原子通过表面吸附与扩散进入材料内部。

(2) 电化学充氢

金属材料在服役时若处于腐蚀环境中，会发生电化学反应。当阴极发生析氢反应时，产生的氢原子通过扩散进入金属中。而在有应力作用的情况下，氢原子会加速进入材料内部。此外，在对材料进行预充氢处理时，阳极连接铂片，阴极连接充氢试样。这时氢原子同样通过电化学充氢的方式进入试样内部。

电化学充氢时，在酸性溶液中发生以下反应：

$$H^+ + e = [H] \tag{4.3}$$

在碱性与中性溶液中发生以下反应：

$$H_2O + e = [H] + OH^- \tag{4.4}$$

电解产生的氢原子吸附于金属表面，其中大部分结合为氢气后被释放。其余少部分转变为溶解吸附氢原子，溶解于金属中，而后通过扩散进入内部。此外，在电解溶液中加入少量毒化剂，如 $As_2O_3$、$CH_4N_2S$ 等，可以增进充氢效率，这是因为毒化剂的加入可抑制金属表面吸附的氢原子结合为氢气。这样，电解反应中更多的氢就可以原子形式进入金属中。

### 4.1.2 氢的捕缚与扩散

常温常压状态下，在理想的无缺陷金属中氢的溶解度很小，氢与金属的原子比仅为 $2\times10^{-8}$。而在实际情况中，金属材料的氢浓度要远大于这一数值，这是因为实际使用的金属材料存在许多的晶体缺陷结构，如空位、位错与层错，这些缺陷可以捕捉金属中的氢。同时，金属中的晶界以及不同相之间的界面也为氢的停留提供了位置。

Takahashi 等人发现，相较于只进行淬火的沉淀硬化钢材，将试样 580℃ 退火处理后，热脱附试验中在 220℃ 附近会出现明显的氢脱附现象，这是因为退火处理后试样中出现了 TiC 析出相。结合三维原子探针试验，证明了氢原子会被吸附在 TiC 颗粒与基体的界面上，如图 4.1 所示。

金属中的氢分为晶格中的氢和缺陷中的氢。温度恒定不变时，晶格中的氢和缺陷中的氢处于动态平衡。在钢中，晶格氢和缺陷氢满足以下关系式：

$$C_T \approx C_L \exp\frac{E_b}{RT} \tag{4.5}$$

式中 $C_T$——缺陷氢浓度；

$C_L$——晶格氢浓度；

$E_b$——陷阱结合能；

$R$——气体常数；

$T$——温度。

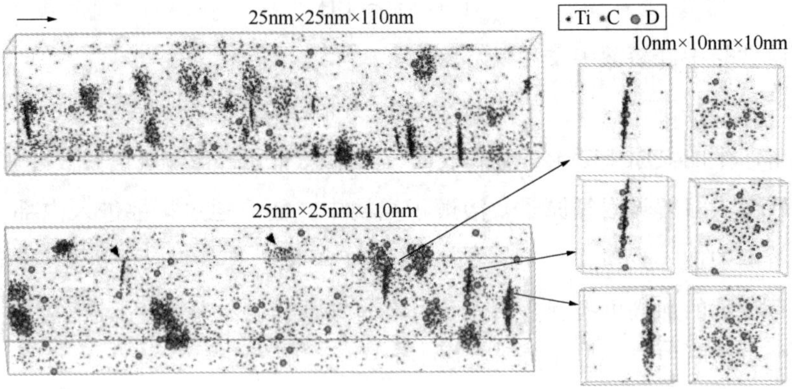


图 4.1　三维元素扫描图中氘与 Ti 及 C 原子位置关系

由以上关系式可知，缺陷氢浓度与陷阱结合能有关，陷阱结合能越高，金属中的缺陷氢浓度就越大。同时，根据陷阱结合能的大小，可将金属中的氢陷阱分为可逆氢陷阱与不可逆氢陷阱。陷阱结合能较小时（小于 $60kJ \cdot mol^{-1}$），陷阱中的氢容易逃离，此陷阱为可逆氢陷阱；而不可逆氢陷阱具有较高的陷阱结合能，氢在其中会被牢固地束缚。金属的各种缺陷结构及界面，如空位、位错、晶界等被视为可逆氢陷阱，而夹杂物与基体的界面具有较高的陷阱结合能，被视为不可逆氢陷阱。

利用氢的热脱附试验可以测量金属中的陷阱结合能：

$$\frac{\partial \ln\left(\frac{\varphi}{T_p^2}\right)}{\partial \frac{1}{T_p}} = -\frac{E_b}{R} \tag{4.6}$$

式中　$\varphi$——升温速率，$K \cdot h^{-1}$；

$T_p$——峰值温度，K；

$E_b$——陷阱结合能，$kJ \cdot mol^{-1}$；

$R$——气体常数，$J \cdot mol^{-1} \cdot K^{-1}$。

金属中的一些缺陷结构对于裂纹形核有着重要影响。当此类缺陷存在氢时，有可能会加速裂纹的形核。研究表明，氢致开裂发生与金属中的氢含量以及临界氢浓度值有关。若材料中的氢含量超过临界氢浓度，就会出现裂纹形核。不过，在金属中并非所有的氢陷阱处都会发生裂纹形核。这一类氢陷阱可以束缚住氢原子，使其不能向潜在的裂纹形核处移动，因此可以提升材料抵御氢致开裂的能力。

金属中的氢原子时刻在发生运动，也就是说扩散运动是一直在进行的。从微观角度上讲，原子的扩散是无序的。而当金属中的氢原子在某一方向上存在浓度梯度时，在宏观层面上，氢原子的扩散就会呈现出方向性。实验室中在对试样进行充氢时，就是利用了氢的扩散作用。电化学充氢时，金属表面的氢浓度很高，与内部形成氢浓度差，此时在扩散作用下，氢就可以进入材料内部。

菲克第一定律可用来描述在稳态时的扩散情况。根据菲克第一定律，在氢浓度以及氢浓度梯度不发生变化的情况下，氢扩散系数具有以下关系：

$$J=-D\frac{\partial C}{\partial x} \tag{4.7}$$

$$D=D_0\exp\left(-\frac{Q}{RT}\right) \tag{4.8}$$

式中 $J$——扩散通量，$mol \cdot cm^{-2} \cdot s^{-1}$；

$D$——扩散系数，$m^2 \cdot s^{-1}$；

$C$——浓度，ppm；

$x$——距离，m；

$D_0$——扩散常数，$m^2 \cdot s^{-1}$；

$Q$——激活能，$kJ \cdot mol^{-1}$；

$R$——气体常数，$J \cdot mol^{-1} \cdot K^{-1}$；

$T$——温度，K。

然而在实际情况中，随着氢的持续扩散，材料中氢的浓度分布以及浓度梯度均会发生改变，这时的氢以非稳态形式进行扩散。测量氢的扩散系数，常见的方法是时间滞后法。结合菲克第二定律：

$$\frac{\partial C(x,\ t)}{\partial t}=D\frac{\partial^2 C(x,\ t)}{\partial x^2} \tag{4.9}$$

考虑到初始与边界条件：

$$t=0,\ C(x,\ 0)=0,\ 0<x<L \tag{4.10}$$

$$t>0,\ C(0,\ t)=C_0,\ C(L,\ t)=0 \tag{4.11}$$

由上述公式可计算得出滞后时间与氢扩散系数的关系式：

$$t_L=\frac{1}{6}\frac{L^2}{D} \tag{4.12}$$

式中 $t_L$——滞后时间，s；

$L$——试样厚度，m；

$D$——扩散系数，$m^2 \cdot s^{-1}$。

金属材料的成分与结构对氢的扩散行为有着显著影响。研究表明，Cr 含量和氢扩散通量有一定关系。钢中 Cr 的占比升高时，氢扩散通量 $J$ 有下降趋势。而氢在马氏体和奥氏体中的溶解度不同，改变钢中马氏体组织与奥氏体组织的比例也会对氢的扩散产生影响。此外，外加应力对于材料的氢扩散速率也有重要影响。试样在受力的情况下氢扩散速率明显增加。

### 4.1.3 氢的表征与氢含量分析

金属中的氢含量相对较小，且由于氢原子体积较小，表层的氢容易逸出，因此对于氢的观测与定量是比较困难的。

钢中白点是氢致开裂的一种表现形式，由于这类型的断口上有银白色斑点，故称为白点。在钢材内部，氢原子通过富集形成高压氢气，产生白点裂纹，最终导致开裂的发生。钢中白点是氢致开裂的一种典型特征，在肉眼或放大镜下就可以观察得到。因此，通过简单的断口分析，辨别是否有白点特征，可以初步判断钢中是否存在过多的氢原子。

氢缩影技术可以间接反映金属材料中的氢。这种方法的原理是，在试样表面涂上一层 AgBr 乳剂，金属中的氢原子扩散至表面，和表面的银离子发生如下反应：

$$Ag^{+}+H \xlongequal{} H^{+}+Ag \tag{4.13}$$

发生上述反应后，材料表面生成银颗粒。曝光后去除表面残留的 AgBr，这时通过扫描电子显微镜可以观察表面的银颗粒，进而分析氢原子的分布与扩散情况。图 4.2 给出了试验原理图。图 4.3 是利用氢缩影技术观察到的银颗粒。

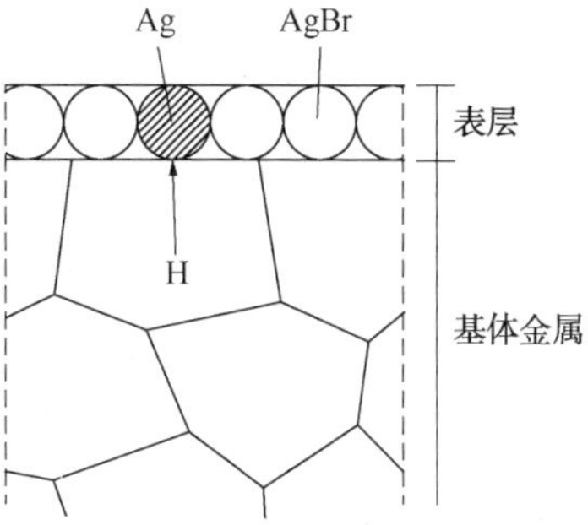


图 4.2　氢缩影技术原理图

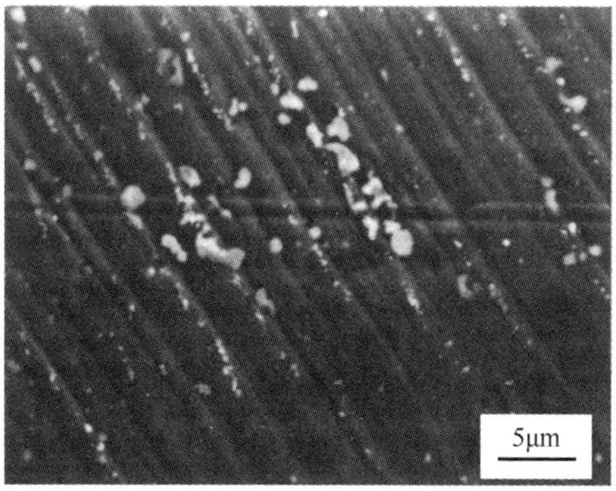


图 4.3　使用氢缩影技术的 SEM 图

三维原子探针分析技术同样可以测定材料中的氢。这种原子分析技术发展较晚，随着设备的普及，近年来才开始受到越来越多的关注。三维原子探针技术实质上是对原子层层剥离，逐个分析。因此，不但可以得到元素的成分与比例，同时能获得原子的空间分布情况。不过，三维原子探针分析的成本较高，对测试样品也有很高的要求，且只能对微观的小试样进行分析。因此，这一分析技术大多服务于科学研究领域，在工业上的应用很少。

金属中的氢可以通过甘油法以及热脱附谱法进行定量分析。甘油法简便易行，试验时只需将试样放入甘油槽中，在上面盖上填满甘油的带刻度的玻璃收集器，通过测量收集到的氢气来计算试样中的氢含量。试验中，可以通过加热装置使甘油温度保持在40~50℃，来加速气体的排放。不过，只有当金属材料中氢原子含量较高时，甘油法才能发挥作用，而在金属含氢量并不是很高时，采用这一方法难以收集到氢气。此外，由于甘油温度不能设置过高，因此只有可逆氢陷阱中的氢才能从材料中扩散而出，而结合较强的不可逆氢则难以被收集。

热脱附谱法是按预设的升温程序，通过加热使金属材料中的氢原子被释放出来。热脱附曲线是脱附量与温度的关系，如图4.4所示。根据热脱附曲线，可以计算金属材料中的氢含量，也可以计算脱附活化能、脱附速率常数等动力学参数。热脱附谱法测试温度区间较广，在高温时，可以将材料中束缚较牢的氢原子激发出来。这种方法也具有较高的灵敏性，在材料的氢含量较小时也可进行测试。

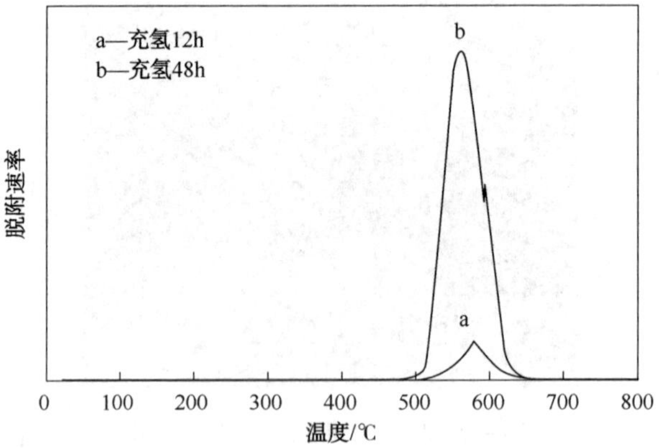


图4.4　热脱附谱法测定氢含量

### 4.1.4　氢脆的分类

金属材料在氢环境下，或自身内部中有氢存在时，有可能发生氢脆。一般来讲，氢脆是指金属在一些特定环境中服役一段时间后，在低于屈服强度时就发生脆性断裂的一种现象。也就是说，金属中的氢脆通常是力与氢共同作用的结果。氢脆断裂在发生前往往都是无预警的，所以一旦发生氢脆失效，造成的后果都是很严重的。因此，对于氢脆问题的研究就显得尤为重要。

在对氢脆问题进行研究时，通常将氢脆分为第一类氢脆与第二类氢脆。第一类氢脆指金属材料在施加载荷之前，氢在材料内部已经造成了不可逆损伤。这些永久性损伤不会随着除氢处理而得到恢复。这类型的氢脆源在后续的断裂过程中形成应力集中，加速裂纹扩展，最终导致材料出现塑性降低。第一类氢脆主要包括了钢中白点、高温氢腐蚀以及脆化物氢脆等。

金属中的氢在过饱和时会在材料的内部缺陷位置富集，然后形成氢分子。在氢分子量很高时，局部区域会形成过高的压力，从而引起内部裂纹。断裂后断口表面会出现白点特征，称为钢中白点。如图 4.5 所示，白点断口的显微形貌主要有三种形式：穿晶的准解理形貌特征、沿晶的波状条纹以及长条形的微空隙。钢中氢含量过高是发生钢中白点的最主要原因，通过降低材料中的氢浓度可以缓解这一问题。

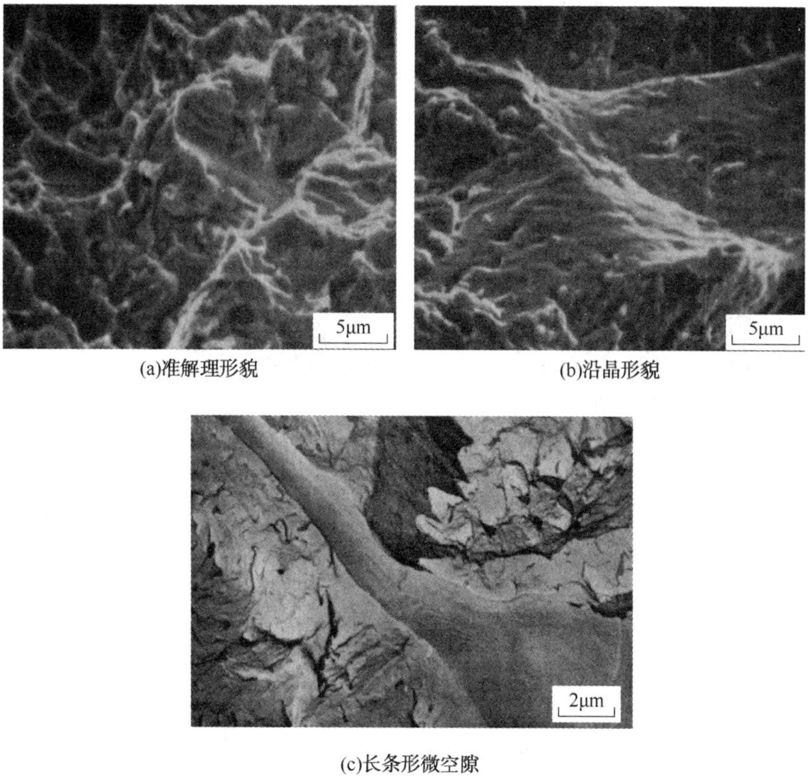


(a)准解理形貌 (b)沿晶形貌

(c)长条形微空隙

图 4.5 钢中白点微观形貌

金属中的氢在高温时与材料中的 C 元素或 O 元素发生反应，可能生成甲烷或水蒸气等气体。在气体压力过高时，会导致裂纹的形成与扩展，这一现象称为高温氢腐蚀。高温氢腐蚀产生的气体难以从金属中逃逸，会使材料发生鼓泡和脆断，因此是不可逆的。钢材中，Cr 含量以及 Mo 含量较高有助于形成稳定的碳化物，可降低甲烷生成的可能性，有利于材料抵抗高温氢腐蚀。

氢化物的氢脆是指氢与ⅢB、ⅣB 和ⅤB 族金属形成脆性氢化物而引发脆断的现象。钛合金等金属材料发生的氢脆断裂，其原因大多是生成了氢化物。由于氢在钛合金 α 相中的溶解度很小，因此过多的氢会诱发氢化物的生成。氢原子在钛合金中的溶解是可逆的，通过热处理手段，如真空退火，可将材料中的氢除去。图 4.6 为不同氢浓度下钛合金材料的氢脆。由图可知，随着氢浓度的增加，晶界上的氢化物变粗，晶界轮廓也更加清楚。

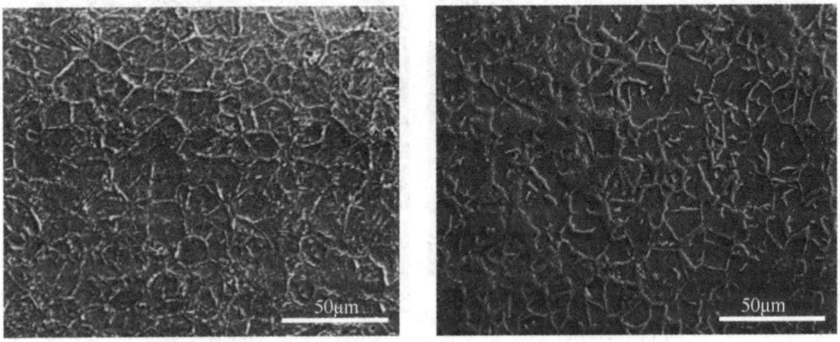


(a)600wppm　　(b)2900wppm

图 4.6　不同氢浓度下钛金属的氢脆

第二类氢脆的主要特征是氢脆敏感性与加载时的应变速率有关，随着应变速率的降低，材料的氢脆敏感性会上升。第二类氢脆在加载前，材料中还未形成氢脆源，氢脆源是加载时在应力应变作用下形成的。由此可见，此类氢脆在除氢处理后可以得到缓解，因此第二类氢脆一般是可逆的。氢的扩散与富集，以及氢与位错的相互作用对于形成第二类氢脆至关重要。也正因为氢在材料中的这些行为需花费一定的时间，因此第二类氢脆在时间上会呈现滞后的特点。此外，第二类氢脆的产生与温度也有一定关系，体现在实验中，此类氢脆现象在具体某一温度区间会有更明显的表现。在实际应用中，大多数的氢脆问题属于第二类氢脆的范畴。

### 4.1.5 氢脆的机制

氢脆现象被发现以来，人们试图对这一问题的产生原因做出合理解释。目前，基于大量的试验研究和分析结果，主要提出了以下几种氢脆机制。

(1) 氢压理论

氢压理论在1941年由Zapffe提出。该理论认为，钢中的过饱和氢富集于缺陷处，并由氢原子结合为氢气，从而产生较高的压力。在氢压作用下，材料中产生氢鼓泡，最终导致氢致开裂的发生。氢压理论很好地解释了钢中白点的氢脆现象，也可以解释在电化学充氢时材料中出现的裂纹。但对于可逆氢脆以及氢致滞后开裂等现象，则难以用氢压理论进行解释。

(2) 氢致相变理论

氢致相变理论认为，裂纹尖端的氢化物生成对于材料发生氢致开裂具有决定性影响。这一理论在Zr、Ti、Nb等金属及合金中得到了充分的应用。在充氢试样的SEM试验中可以观察到氢化物的存在，利用TEM表征手段也可以对裂纹尖端生成的氢化物进行直接观察。然而，这一理论只适用于材料中有氢化物生成的情况，对于钢材中的氢脆问题难以进行解释。

此外，氢致马氏体相变也可以归类在氢致相变理论中。相较于奥氏体，马氏体具有更高的氢脆敏感性。根据氢致马氏体相变的理论，人们推测不稳定奥氏体不锈钢的氢脆是因为材料中的氢诱导了马氏体的生成，而裂纹会沿着奥氏体与马氏体相界面进行扩展。不过，对于稳定的不发生马氏体相变的奥氏体不锈钢，关于其氢脆现象的解释，这种相变理论就不再适用。

(3) 氢降低表面能理论

研究表明，在金属材料内部，吸附在裂纹表面的氢原子可以降低裂纹表面能。基于这一基础，人们提出了氢降低表面能理论，用来解释金属的氢脆。该理论认为，氢吸附在金属表面，改变了金属表面的化学位，从而降低了表面能。此时只需提供更少的能量就能启动裂纹的向前扩展。然而，除氢之外，其他气体吸附在金属表面同样有可能降低表面能，但是金属材料仅对于氢有脆断特性。因此，这一理论还需更多的研究工作加以补充与完善。

(4) 弱键理论

弱键理论也被称为氢增进减聚力理论。该理论认为，在材料中当某一局部的应力集中等于原子的键合力时，原子键将被破坏，微裂纹将形成。而固溶的氢原子嵌在金属原子之间，会降低金属原子间的键合力。因此，金属材料中在有氢原子存在的情况下，微裂纹形成所需的局部应力门槛值降低，体现在宏观层面，材料在低于屈服强度时就会提前发生开裂。图 4.7 为弱键理论示意图。

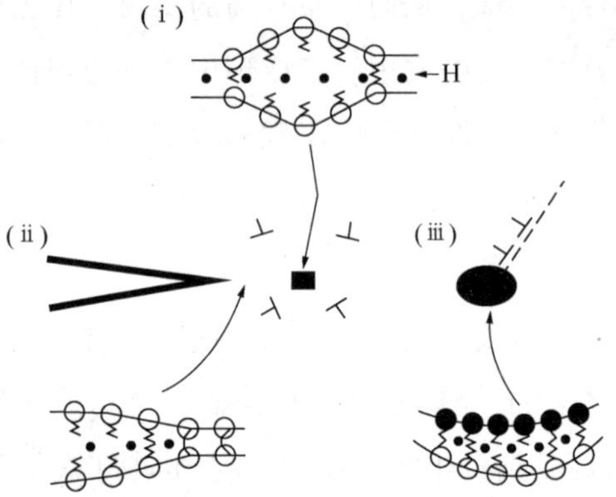


图 4.7 弱键理论示意图

弱键理论具有较广泛的适用性，不过由于这一理论的提出是建立在原子之间的键合力被正应力拉断这一模型上，因此在陶瓷这种几乎无塑性变形的材料中较为匹配。而考虑到金属中存在的局部塑性变形，用弱键理论来解释金属材料的氢脆时就显得较为单薄。此外，弱键理论仍然需要更多直接的实验证据来证明其对于原子键的弱化作用。同时，如何建立原子键能和氢原子数量的对应关系，这也是未来完善这一理论的关键所在，对此仍需进行更深入的研究。

(5) 氢促进局部塑性变形理论

氢促进局部塑性变形理论是由 Beachem 于 1972 年提出的一种氢脆断裂机制。该理论认为，偏聚的氢促进了局部的塑性变形，而局部的塑性变形为提前断裂提供了条件。这种理论把氢脆断口上的塑性特征做了动态的解释，同时也解释了为什么氢在局部促进了塑性变形，却在整体上降低了材料的塑性。

目前，一些试验结果可以为氢促进局部塑性变形理论提供依据。一些学者借助环境透射电子显微镜设备，在氢环境下对试样中的位错进行观察。结果表明，氢的参与可以使原本静止的位错发生运动。此外，也有研究表明，氢能促进材料的局部区域发生不均匀的滑移。如图 4.8 所示，充氢前后试样中的滑移带呈现出明显的不同。

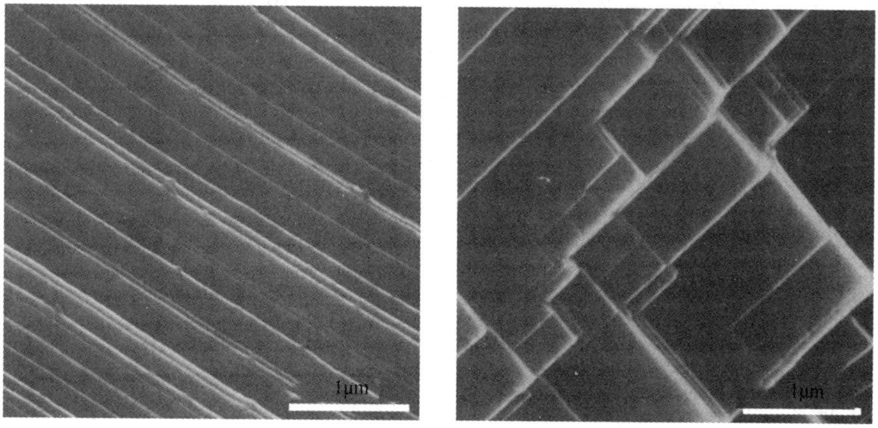


(a)未充氢试样　　(b)充氢试样

图 4.8　氢对于滑移的影响

当然，氢促进局部塑性变形理论也存在着一些不足。这种理论还未与氢脆程度的定量描述建立关系。此外，氢促进局部塑性变形理论还不能充分解释氢脆断口形貌的改变。因而，为完善这一理论，对于存留的一些复杂问题仍需着重进行研究。

### 4.1.6　氢脆的度量

在科学研究以及实际应用中，对氢脆断裂的程度以及材料的氢脆敏感性需要进行定量分析，这就涉及氢脆的度量问题。目前氢脆的度量一般采用以下几种方法。

(1) 爆破压力法

爆破压力法主要用来评估压力容器材料是否容易发生氢脆。这种方法通过比较试件在氦气与氢气环境下的不同爆破压力，来对试件的氢脆敏感性进行定量。试验时，向试验装置中注入氩气或氢气，随着压力的不断增加，试件最终发生爆裂。爆破压力法的灵敏度较高，试验时操作方便，试验成本低廉，适用于在氢环境下服役材料的快速筛选。

(2) 弯曲法

弯曲法多用于评估板材和线材的氢脆程度。该方法的原理是比较试样充氢前后的反复弯曲次数差。弯曲次数法测氢脆敏感性，适用于塑性较好的材料，脆性材料较难进行弯曲测试。试验时，对试样进行一定程度的弯曲，然后复原，记为一个循环。多次试验后，试样断裂，记录弯曲总的周次。通过比较未充氢试样与充氢试样的周次差，可以计算出氢脆敏感度。

根据以下关系式可以计算材料的氢脆敏感度：

$$E=\frac{N_F-N_C}{N_F}\times 100\% \qquad (4.14)$$

式中　$E$——氢脆敏感度；

$N_F$——未充氢试样总弯曲次数；

$N_C$——充氢试样总弯曲次数。

(3) 强度及塑性损失幅度法

氢脆是一种在金属材料中由于氢的存在而导致的性能下降现象，主要表现为强度和塑性的降低。使用强度和塑性损失来评估氢脆，主要有以下几种方法。

拉伸试验：对未暴露于氢环境的材料进行标准的拉伸试验，记录其抗拉强度和延展率。将相同的材料样品暴露于含氢环境中，模拟氢脆的条件。对暴露后的样品进行拉伸试验，同样记录其抗拉强度和延展率。比较两组试验的结果，观察抗拉强度和延展率的降低程度。这种降低可以归因于氢脆的影响。如图 4.9 所示，材料的强度与塑性值可由拉伸试验得出，这种方法适用于大多数材料的测试。

硬度测试：在暴露于氢环境前后，对材料进行硬度测试。比较两组硬度值，如果暴露后硬度降低，则可能是氢脆导致的。

韧性测试：使用冲击试验或类似的韧性测试方法，评估材料在暴露于氢环境前后的韧性变化。如果暴露后韧性降低，则可能是氢脆导致的。

通过这些测试方法，可以量化地评估氢脆对材料强度和塑性的影响。在评估

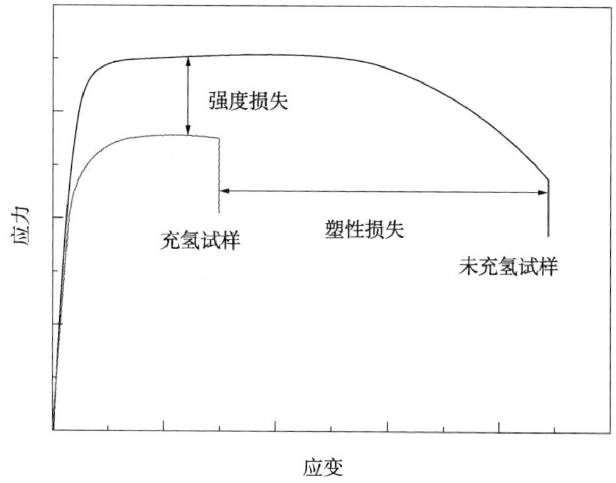


图 4.9 强度及塑性损失幅度法示意

过程中，需要确保测试条件的一致性，以便准确比较不同条件下的性能变化。此外，还需要注意氢脆的敏感性可能因材料类型、处理工艺和暴露条件等因素而异。

## 4.2 马氏体不锈钢氢脆研究案例分析

### 4.2.1 研究背景

沉淀硬化型马氏体不锈钢 17-4PH 发明于 20 世纪 40 年代，由于其具有良好的力学性能及耐腐蚀性能，因此被广泛应用于各类现代工业生产领域中，例如航空航天、石油化工、能源电力等行业。17-4PH 不锈钢的马氏体形成能力很强，固溶保温后，即使在空冷条件下，大部分的组织都可以转变为马氏体组织。之后，选择合适的时效温度与时间，材料的组织中可以析出富铜相纳米颗粒。通过调整时效处理的工艺条件，可以改变富铜相颗粒的尺寸，从而改变 17-4PH 不锈钢的力学性能，以满足具体使用的要求。据文献报道，17-4PH 马氏体不锈钢在时效温度为 480℃时可以得到最高的抗拉强度，此时的时效温度也被称为“峰时效”温度。

17-4PH 马氏体不锈钢力学性能好，拉伸强度优异。然而就像其他大多数的马氏体不锈钢一样，当材料在强度越好的情况下，出现脆性断裂的可能性也越大。也就是说，强度的增加往往会伴随着塑性的损失。此外，根据相关文献报道，17-4PH 马氏体不锈钢在服役一段时间后，存在着发生应力腐蚀失效以及氢脆失效的可能性。一般来讲，氢脆在低温环境中的发生概率要高于高温环境。而 17-4PH 不锈钢多数是应用在常温环境下，或用来制造汽轮机末级叶片，因此有必要针对其氢脆问题进行研究，增强其抗氢脆敏感性。

固溶热处理对于钢材的奥氏体化具有重要影响，通过改变固溶处理的工艺条件可以有效改善材料的性能。研究证明，同一种材料，保持时效处理的工艺条件不变，改变固溶热处理的工艺参数可以调整马氏体不锈钢的力学性能。一些学者对固溶热处理温度及氢脆敏感性二者的关系进行了研究，结果表明，随着固溶热处理温度的升高，材料的氢脆敏感性出现了单调变化趋势，即氢脆敏感性会逐渐升高或逐渐下降。

### 4.2.2 试验材料和方法

研究所用试验材料为 17-4PH 沉淀硬化型马氏体不锈钢，其化学成分见表 4.1。将 25mm×25mm×63mm 的钢锭进行固溶处理，设定有 890℃、940℃、990℃、1040℃和 1090℃五个固溶热处理温度，固溶保温时间均为 1h，之后油淬冷却至室温。接着将固溶处理后的试样进行相同的时效处理，时效温度为 480℃，时效保温时间为 3h，然后空冷至室温。

**表 4.1 17-4PH 钢的化学成分(质量分数)** %

| 试样 | C | Si | P | S | Mn | Cr | Ni | Cu | Nb | Fe |
|---|---|---|---|---|---|---|---|---|---|---|
| 17-4PH | 0.01 | 0.82 | 0.01 | 0.01 | 0.48 | 16.14 | 4.07 | 3.15 | 0.26 | Balance |

热处理之后，利用线切割机在钢锭上切下直径为 8mm 的圆棒，按照图 4.10 中所给的尺寸制备拉伸试样。

采用电化学预充氢法及慢应变速率拉伸试验对 17-4PH 不锈钢的氢脆敏感性进行评估。充氢电流密度为 0.06mA · $cm^{-2}$，充氢时间为 24h。拉伸试验的名义应

变速率为 $2\times10^{-5}s^{-1}$，换算成机架位移速率为 0. 03mm · $min^{-1}$。

使用透射电子显微镜对马氏体不锈钢材料的微观结构进行表征。制备透射电镜样品时，所用双喷腐蚀液为 10% 高氯酸(体积分数)和 90% 无水乙醇(体积分数)的混合溶液。

使用光学显微镜以及扫描电子显微镜对材料进行金相观察分析。金相样品制备，共用到两种金相腐蚀剂：对于固溶热处理温度为 990℃ 的试样，腐蚀剂为 6mL 的 HCl 与 50mL 的 $HNO_3$ 混合液；对于固溶热处理温度为 1090℃ 的试样，腐蚀剂为 200mL 的 HCl、100g 的 $FeCl_3$ 以及 1000mL 的 $H_2O$ 混合液。

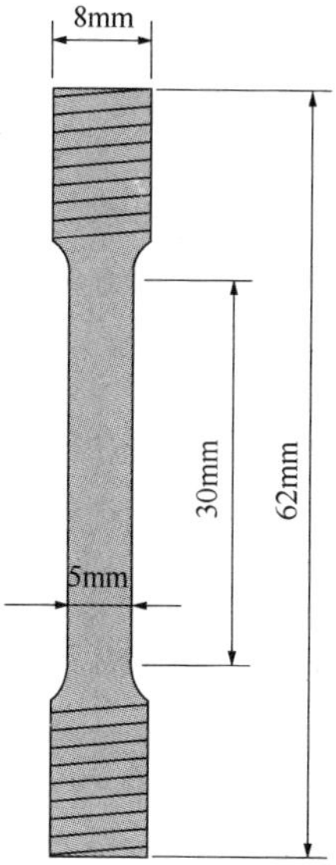


图 4. 10　拉伸试样

根据氢渗透试验可以计算得到氢在钢中的扩散速率以及氢浓度等参数，有助于增进对马氏体不锈钢氢脆现象的理解。采用 Devanathan-Stachurski 方法进行氢渗透试验。试验需建构双电解池系统，其装置示意如图 4. 11 所示。采用线切割机制备得到 30mm×30mm×0. 5mm 的不锈钢试样片，用#180~#1200 砂纸对试样片两侧进行打磨抛光。试验时用夹子将试样片固定在两电解池中间。其中一侧接触充氢槽溶液(0. 5mol · $L^{-1}$ $H_2SO_4$ + 1g · $L^{-1}$ $CH_4N_2S$)，称为充氢面；一侧接触逸氢槽溶液(0. 1mol · $L^{-1}$ NaOH)，称为逸氢面。充氢池中试样与铂电极接通恒电流仪，通电进行电解充氢。试样所在阴极端所产生的氢部分结合为氢气逸出，部分由充氢面进入试样内部。在存在浓度梯度的情况下，试样中的氢从高浓度的充氢面向低浓度的逸氢面扩散。同时，逸氢池中试样、铂电极、参比电极接通电化学工作站。利用电化学工作站对试样片加持+0. 3V 的恒电压，在正电压的作用下，从逸氢面扩散出来的氢原子被电离，所产生的电流信号被记录。用电流大小与时间的关系作图，得到的曲线即被称为氢渗透曲线。从充氢面扩散而至的氢原子数量会逐渐增多，反映在氢渗透曲线上，即电流会随着时间的增加而增大，理论上最终可以得到一个稳定的电流值。

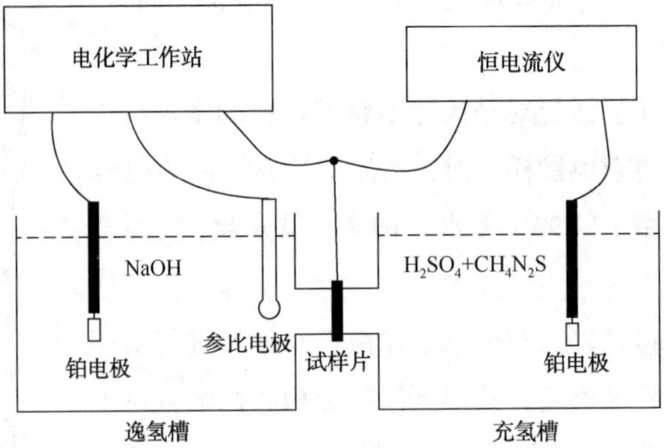


图 4.11　双电解池氢渗透试验装置示意

在氢渗透试验时，首先需要将试样中的氢排尽。应先在逸氢槽中加入溶液，接通电化学工作站。在正电压的作用下，试样中残留的氢原子会被排出试样。随着时间的增加，电流逐渐降低。在电流降至 1μA 后，向充氢槽中倒入溶液充氢电解液，接通恒电流仪进行充氢，电解充氢的电流密度为 20mA · $cm^{-2}$，此时需记录充氢的起始时间。随着时间的增加，电流逐渐升高，直至电流强度达到最高值后可以停止试验。试验完成后记录最大的电流数值，以及达到该电流强度时所对应的时间。

### 4.2.3　微观结构表征结果

使用透射电子显微镜观察不同固溶热处理温度下 17-4PH 马氏体不锈钢的内部结构，并对其进行分析比较。图 4.12 是 17-4PH 马氏体不锈钢的固溶热处理温度为 940℃时，试样的 TEM 图片。其中，图 4.12(a)给出了试样的典型板条马氏体结构。图 4.12(b)和(c)反映了 17-4PH 马氏体不锈钢中析出相富铜相的分布情况(如图中箭头所示)。由于富铜相颗粒尺寸较小，因此在明场相中难以辨识。而在选区衍射之后进行暗场相观察，可以较为清晰地显现出富铜相颗粒。通过 TEM 观察可以得知，富铜相颗粒均匀地在板条马氏体组织中析出。图 4.12(d)给出了对应的选区衍射斑点图。图中所标定的是富铜相的一套衍射斑点。

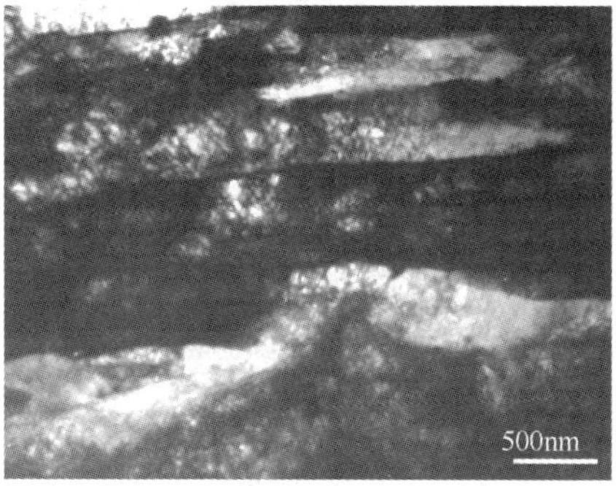


(a)板条马氏体

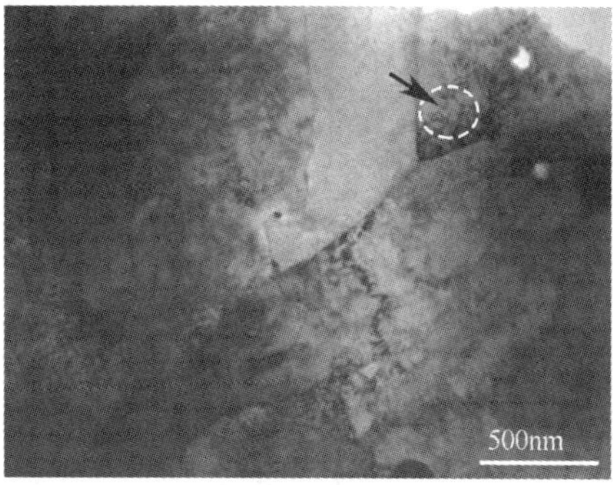


(b)富铜相明场相

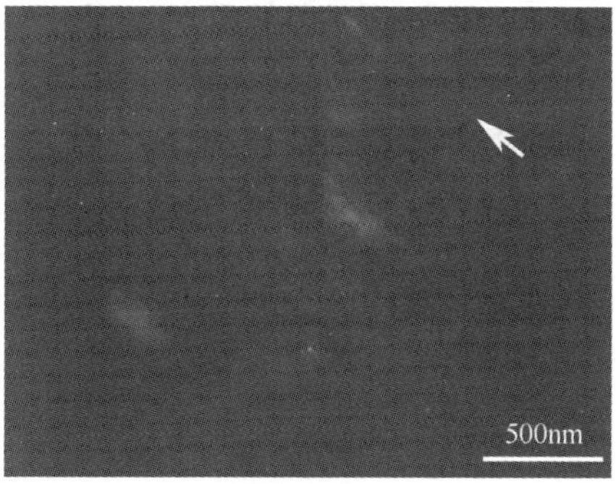


(c)富铜相暗场相

(d)选区衍射斑点

图 4. 12　940℃固溶热处理试样的 TEM 图片

图 4. 13 是固溶热处理温度为 990℃时试样的 TEM 图片。其中，图 4. 13(a)所展示的是板条马氏体结构。图 4. 13(b)和(c)分别给出了富铜相的明场相与暗场相(箭头所示为富铜相)。图 4. 13(d)所展示的是对应的选区衍射斑点图，图中所标定的同样是富铜相的衍射斑点。

为测量 17-4PH 马氏体不锈钢中富铜相颗粒的尺寸，在高分辨透射电子显微镜下对样品进行观测。图 4. 13(e)和(f)所展示的是高分辨透射电子显微镜图片。其中图 4. 13(f)是图 4. 13(e)中虚线方形区域的放大图。由图可知，析出的富铜相颗粒直径约为 5nm。细小而弥散地分布在板条马氏体中的富铜相颗粒正是 17-4PH 马氏体不锈钢强度得到强化的原因。

(a)板条马氏体

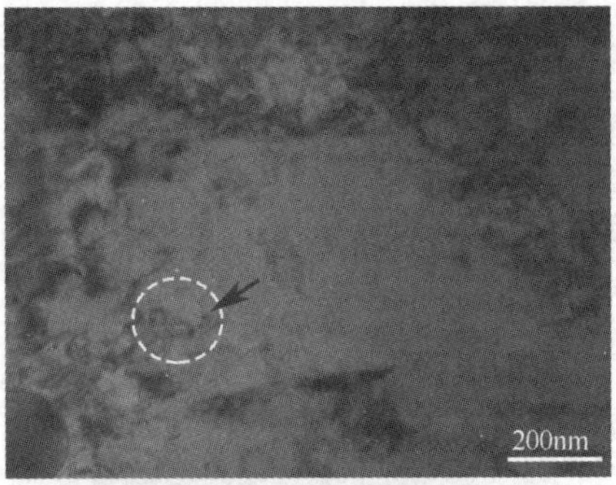


(b)富铜相明场相

(c)富铜相暗场相

(d)选区衍射斑点

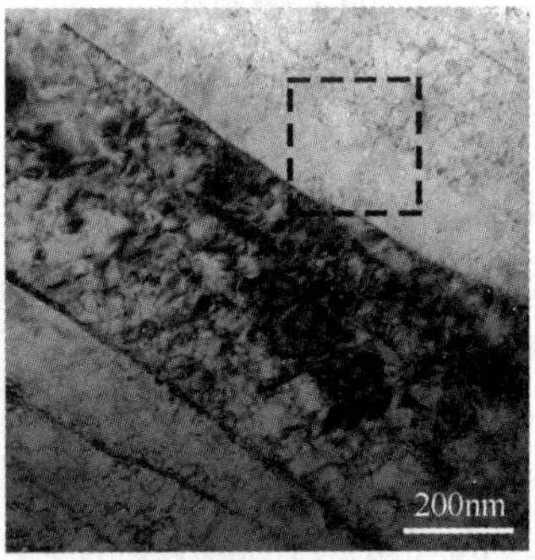


(e)高分辨TEM图

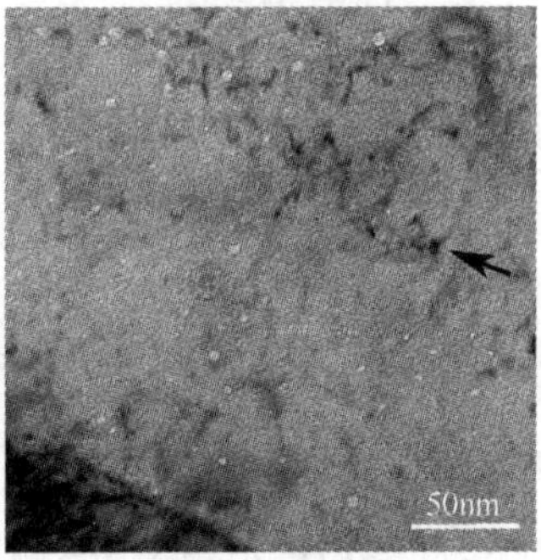


(f)e中局部放大图

图 4.13　990℃固溶热处理试样的 TEM 图片

图 4.14 是固溶热处理温度为 1090℃时试样的 TEM 图片。图 4.14(a)(b)和(c)分别给出了在此固溶热处理温度处理下，17-4PH 马氏体不锈钢的板条马氏体组织、富铜相明场相图片和富铜相暗场相图片(图中箭头所示为富铜相颗粒)。

图 4. 14(d)所展示的是对应的选区衍射斑点图。在衍射斑点图中标定了马氏体组织及富铜相的斑点，其中马氏体组织的衍射斑点记为 M，富铜相的衍射斑点记为 ε-Cu。

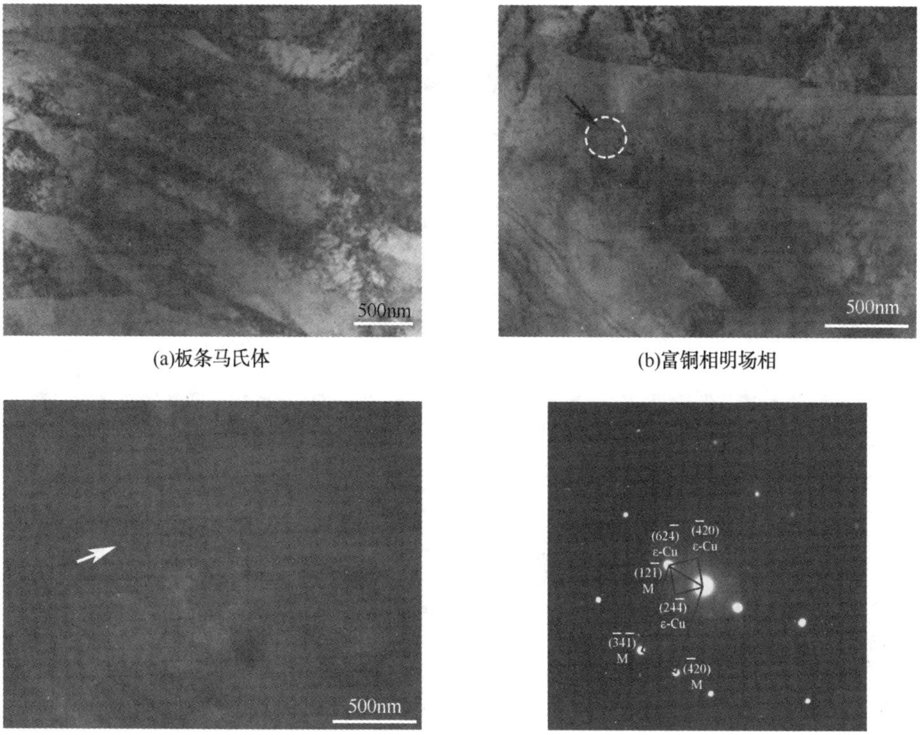


(a)板条马氏体

(b)富铜相明场相

(c)富铜相暗场相

(d)选区衍射斑点

图 4. 14　1090℃固溶热处理试样的 TEM 图片

图 4. 15 是利用光学显微镜(OM)与扫描电子显微镜(SEM)所拍摄的不同固溶热处理温度下试样的金相照片。其中图 4. 15(a)中试样的固溶热处理温度为 990℃，图 4. 15(b)中试样的固溶热处理温度为 1090℃。两图中均可观察到明显的原奥氏体晶界，同时在晶粒中也可以找到板条马氏体组织。对比两幅图片可知，随着固溶热处理温度的增加，原奥氏体晶粒尺寸明显增大。通常情况下，固溶热处理温度对于原奥氏体晶粒尺寸有着直接影响，越高的固溶热处理温度将会导致越大的晶粒尺寸。试验结果也与这一经验相符合。图 4. 15(c)中试样的固溶

热处理温度为990℃，图4.15(d)中试样的固溶热处理温度为1090℃。从SEM图片中可以得出与上面相同的结果，即固溶热处理温度为1090℃时钢材具有最大的原奥氏体晶粒尺寸。

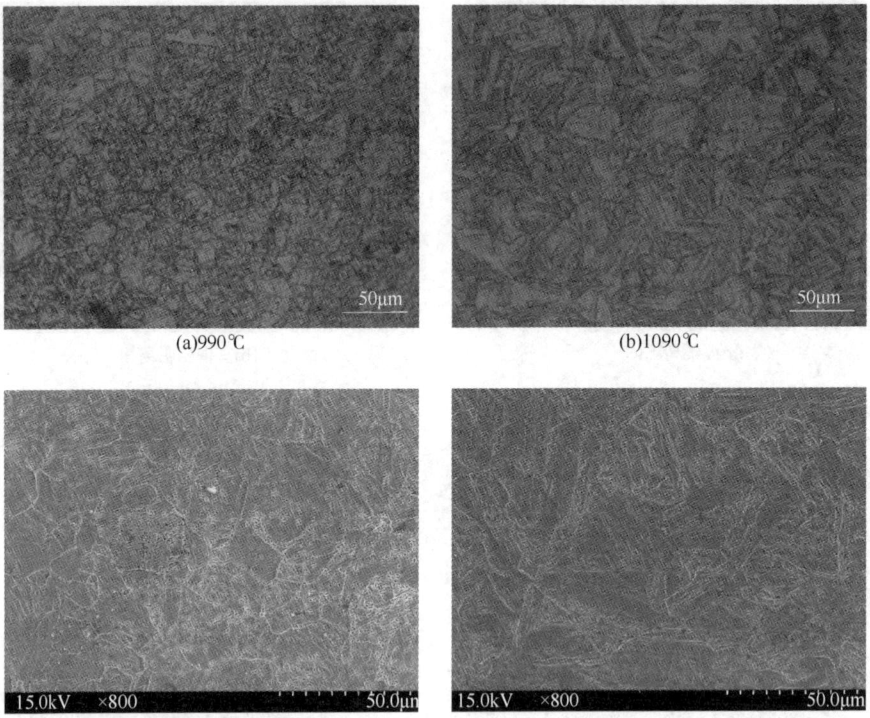


(a)990℃ (b)1090℃

(c)990℃ (d)1090℃

图4.15 不同固溶热处理温度下试样的微观结构

### 4.2.4 氢脆试验结果

图4.16和图4.17是在不同固溶热处理温度下，17-4PH马氏体不锈钢未充氢(HF)和充氢(HC)试样的慢应变速率拉伸试验结果。图4.16给出了固溶热处理温度为890℃、940℃、990℃、1040℃和1090℃时，未充氢试样的拉伸应力-应变曲线，图4.17是对应的充氢试样的应力-应变曲线。由图可知，充氢后17-4PH马氏体不锈钢的强度会轻微降低，而塑性的损失非常明显。

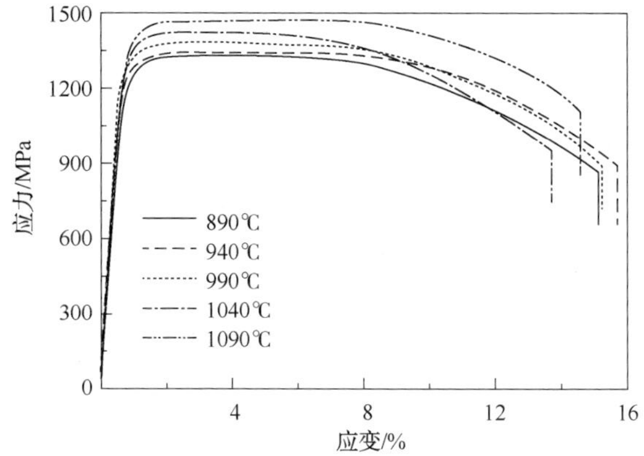


图 4.16　不同固溶热处理温度下 17-4PH 马氏体不锈钢
未充氢试样应力-应变曲线

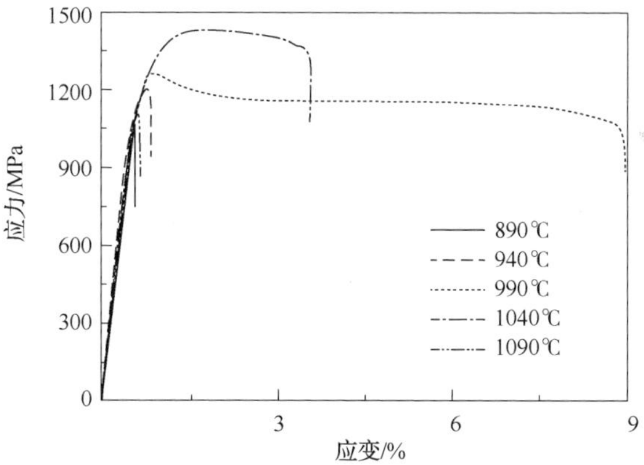


图 4.17　不同固溶热处理温度下 17-4PH 马氏体不锈钢
充氢试样应力-应变曲线

根据应力-应变曲线可以计算得到屈服强度、抗拉强度、伸长率和断后截面收缩率。表 4.2 给出的是不同固溶热处理温度下未充氢试样的屈服强度(YS)与抗拉强度(UTS)。由表可知，随着固溶热处理温度的增加，17-4PH 马氏体不锈钢的屈服强度与抗拉强度均逐渐增强。

**表 4.2　不同固溶热处理温度下未充氢试样的力学性能**

| | 890℃ | 940℃ | 990℃ | 1040℃ | 1090℃ |
|---|---|---|---|---|---|
| YS/MPa | 1218 | 1221 | 1237 | 1293 | 1313 |
| UTS/MPa | 1337 | 1348 | 1384 | 1430 | 1478 |

伸长率和断后截面收缩率的计算结果总结在图 4.18 和图 4.19 中。结果表明，在不同固溶热处理温度下，17-4PH 马氏体不锈钢未充氢试样的伸长率和截面收缩率变化幅度较小。充氢之后材料的伸长率以及截面收缩率均发生大幅度下降。这说明 17-4PH 马氏体不锈钢的氢脆现象明显。

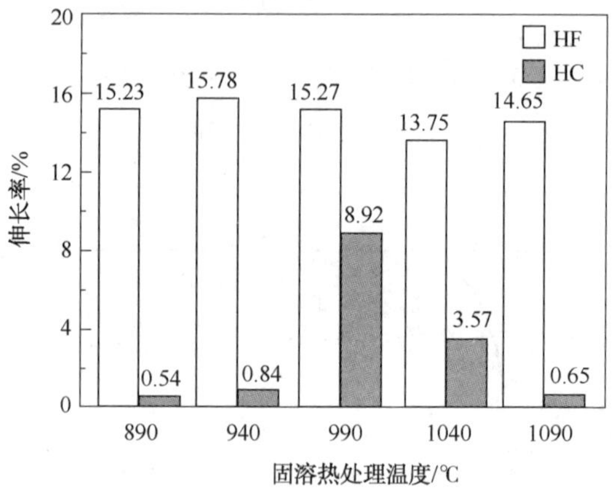


图 4.18　不同固溶热处理温度下 17-4PH 马氏体不锈钢的伸长率

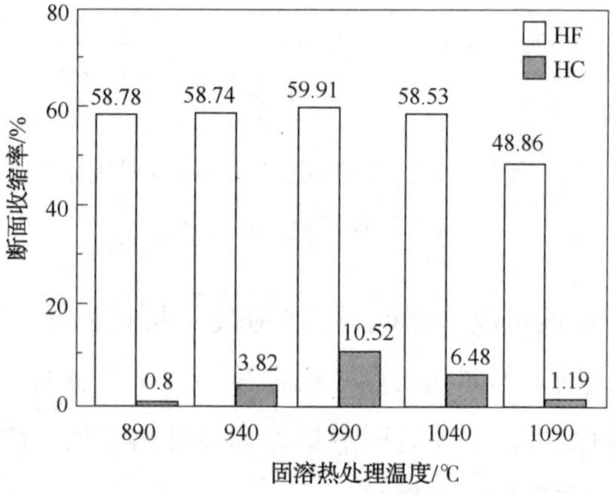


图 4.19　不同固溶热处理温度下 17-4PH 马氏体不锈钢的断面收缩率

为进一步研究17-4PH马氏体不锈钢的氢脆，计算了材料的氢脆敏感性指数(HEI)。氢脆敏感性指数的计算使用到伸长率和断后截面收缩率。图4.20给出了计算结果。其中，*HEI-E* 和 *HEI-A* 分别为使用伸长率和断后截面收缩率得出的氢脆敏感性指数。结果表明，随着固溶热处理温度的增加，17-4PH马氏体不锈钢的氢脆敏感性指数 *HEI-E* 和 *HEI-A* 具有相同的变化趋势，即先下降后上升。当固溶热处理温度为990℃时，钢材具有最好的抗氢脆性能。比较HEI-E和HEI-A曲线可知，采用伸长率计算氢脆敏感性指数，不同试样之间的氢脆敏感性差别更大。

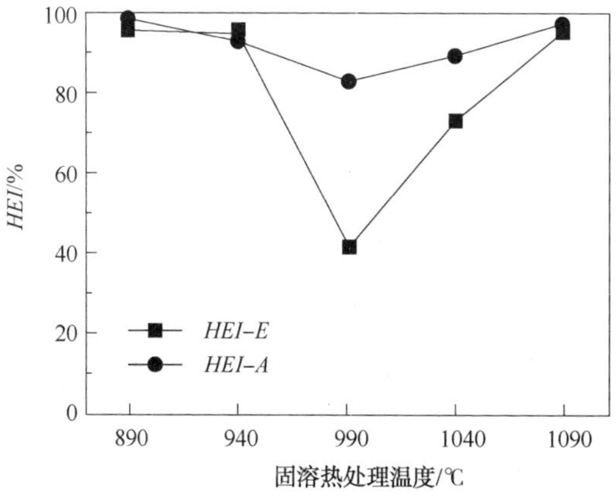


图4.20　不同固溶热处理温度下17-4PH马氏体不锈钢的氢脆敏感性指数

拉伸试验之后，利用扫描电子显微镜(SEM)对拉伸断口进行观察与分析。图4.21给出了所有试样断口的宏观形貌图。其中，图4.21(a)~(e)所展示的是未充氢(HF)试样的断口，固溶热处理温度依次为890℃、940℃、990℃、1040℃和1090℃。图4.21(a′)~(e′)给出了对应的充氢(HC)试样的断口图片。由图可知，所有试样都是垂直于拉伸方向发生正断。对比未充氢试样与充氢试样的拉伸断口，未充氢试样拉伸之后断裂处出现颈缩，断口表面起伏特征明显，这说明充氢之前的17-4PH不锈钢具有良好的塑性。而从充氢试样的断口图片中未能发现颈缩现象，且断口表面较为平整，表明试样在充氢之后变脆。

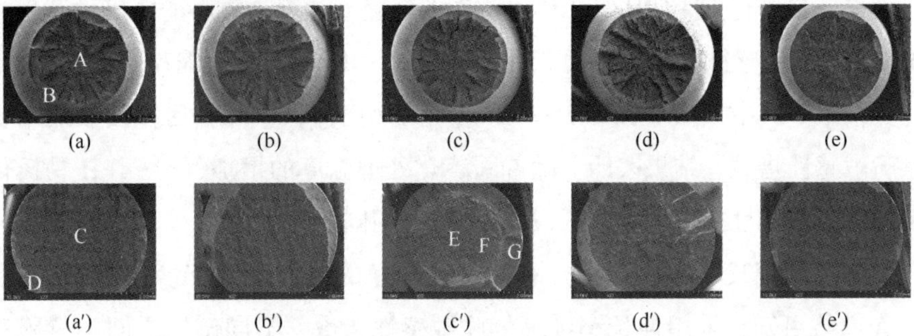


图 4.21　不同固溶热处理温度下 17-4PH 钢拉伸断口的 SEM 宏观形貌

图 4.22 是固溶热处理温度为 890℃的未充氢试样断口的微观形貌图。其中，图 4.22(a)与(b)分别是图 4.21 中 A 与 B 区域的放大图。图中所展示的是典型的韧性断裂形貌特征，试样断口的中心与边缘位置均显示出韧窝状的特点。此外，断口的中心部分组成一个平面，而边缘呈现出斜坡的特点(也称“剪切唇”)。其他固溶热处理温度下未充氢试样的拉伸断口均反映出相同的情况。

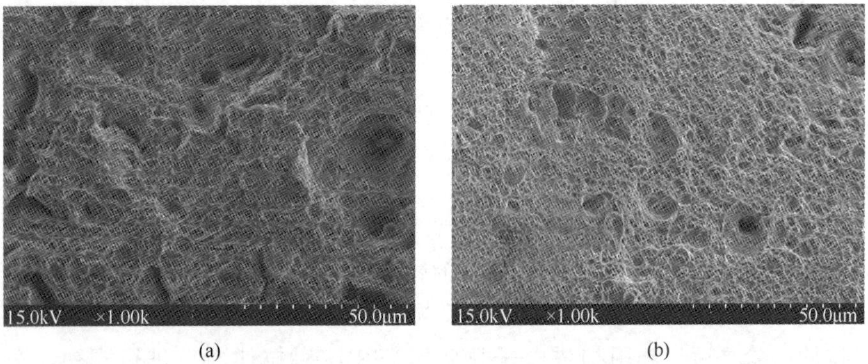


图 4.22　固溶热处理温度为 890℃的未充氢试样断口的微观形貌图

图 4.23 是固溶热处理温度为 890℃的充氢试样断口的微观形貌图。其中，图 4.23(a)与(b)分别是图 4.21 中 C 与 D 区域的放大图。对比可知，充氢试样的断口微观形貌与未充氢试样明显不同。图 4.23(a)给出了充氢试样断口的中心区域微观形貌，结果表明氢进入试样内部后，拉伸断口的微观形貌由韧窝特征转变为准解理特征，说明材料发生了一定程度的脆化。准解理形貌是氢脆断口的一种典型形貌，实际中经常根据此形貌特征来判断是否有氢脆发生。相较于图 4.22

(a)中的韧窝形貌，在准解理断口上呈现出许多较为平坦的断裂面，且在各小断裂面上有撕裂岭的存在。从图 4.23(b)中可知，充氢试样断口的边缘呈现浅韧窝的形貌。这种形貌应该是在拉伸结束时瞬间断裂所形成的。根据图 4.21(a′)进行面积比较可知，边缘浅韧窝形貌区域要远小于中心准解理形貌区域。

图 4.23 固溶热处理温度为 890℃的充氢试样断口的微观形貌图

相较于固溶热处理温度为 890℃的充氢试样，固溶热处理温度为 940℃、1040℃和 1090℃的充氢试样的断口具有相同的形貌特点。然而在固溶热处理温度为 990℃时，试样在充氢拉断后，断口形貌显示出与其他试样不同的特点。图 4.24是固溶热处理温度为 990℃的充氢试样断口的微观形貌图。其中，图 4.24(a)(b)和(c)分别是图 4.21 中 E、F 与 G 区域的放大图。图 4.24(a)和图 4.24(b)给出了该试样充氢拉伸断口的中心区域微观形貌，由图可知，其中心部位是一种由准解理区域与浅韧窝区域组成的混合型断口。由图 4.24(c)所给出的断口边缘微观形貌图可知，该区域所呈现的是准解理特征。断口分析结果表明，固溶热处理温度为 990℃的试样在充氢后仍保留了小部分的塑性，而在其他固溶热处理温度下，试样在充氢后展现出了非常明显的氢脆。

此外，从图 4.21 中，对比不同固溶热处理温度下试样的充氢拉伸宏观断口可知，890℃与 1090℃的充氢试样断口边缘的浅韧窝区面积明显小于 940℃与 1040℃拉伸试样。这一现象也印证了氢脆敏感性的计算结果，即在最低及最高温度进行固溶热处理时，17-4PH 马氏体不锈钢的氢脆敏感性较大。而在适中的温度进行固溶处理可以获得较好的抗氢脆性能。

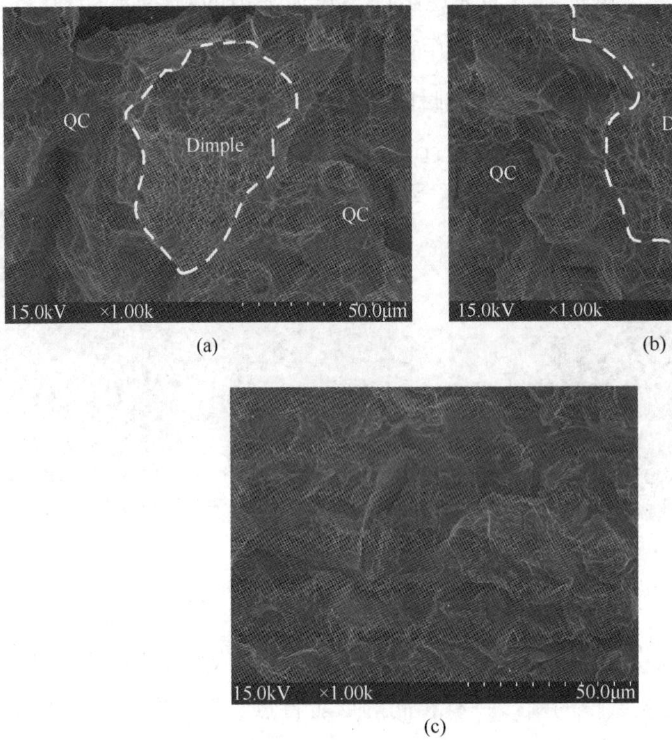


图 4.24　固溶热处理温度为 990℃的充氢试样断口的微观形貌图

不同固溶热处理温度试样的氢渗透曲线如图 4.25 所示。由图可知，固溶热处理温度不同，试样的稳态电流以及渗透扩散时间具有较大差异。由氢渗透曲线可以计算得到相关的氢渗透参数。不同试样的稳态氢渗透率($J_{\infty}L$)、有效氢扩散系数($D_{eff}$)和表观氢浓度($C_{app}$)，计算结果总结在表 4.3 中。

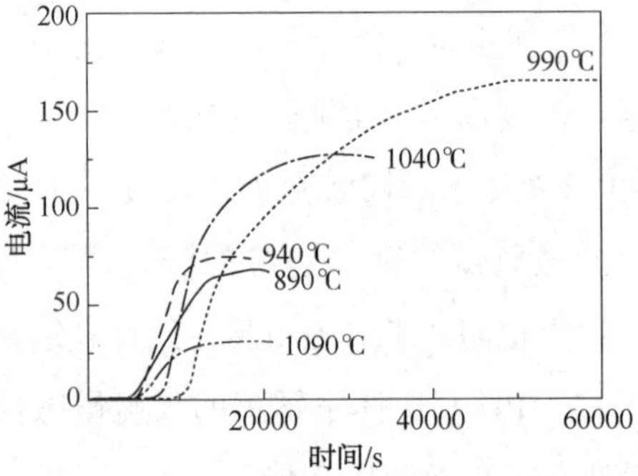


图 4.25　不同固溶热处理温度下试样的氢渗透曲线

表 4.3 不同固溶热处理温度试样的氢渗透参数

| | 890℃ | 940℃ | 990℃ | 1040℃ | 1090℃ |
|---|---|---|---|---|---|
| $J_\infty L/(\mathrm{mol \cdot m^{-1} \cdot s^{-1}})$ | $1.44\times10^{-9}$ | $1.57\times10^{-9}$ | $3.51\times10^{-9}$ | $2.69\times10^{-9}$ | $6.38\times10^{-10}$ |
| $D_{eff}/(\mathrm{m^2 \cdot s^{-1}})$ | $2.61\times10^{-12}$ | $3.06\times10^{-12}$ | $1.25\times10^{-12}$ | $2.18\times10^{-12}$ | $3.07\times10^{-12}$ |
| $C_{app}/(\mathrm{mol \cdot m^{-3}})$ | 549 | 514 | 2807 | 1235 | 208 |

氢渗透试验结果表明，随着固溶热处理温度的升高，17-4PH 马氏体不锈钢中氢的有效扩散系数从 $2.61\times10^{-12}\mathrm{m^2 \cdot s^{-1}}$ 降低至 $1.25\times10^{-12}\mathrm{m^2 \cdot s^{-1}}$，而后增加至 $3.07\times10^{-12}\mathrm{m^2 \cdot s^{-1}}$。与有效氢扩散系数相比，表观氢浓度具有相反的变化规律。由表 4.3 可知，随着固溶热处理温度的升高，表观氢浓度先增加后减小，固溶热处理温度为 990℃ 的试样具有最高的表观氢浓度，其数值为 $2807\mathrm{mol \cdot m^{-3}}$。对比不同热处理下材料的氢渗透参数，固溶热处理温度为 990℃ 的试样具有最低的有效氢扩散系数以及最高的表观氢浓度，说明此状态下 17-4PH 马氏体不锈钢材料内部结构具有更多的氢陷阱，从而更大程度地限制了氢的扩散。同时，与图 4.20 中 HEI 的计算结果进行比较发现，有效氢扩散系数和表观氢浓度与材料的氢脆敏感性具有一定的关系，较小的有效氢扩散系数以及较大的表观氢浓度对应着较低的氢脆敏感性。

### 4.2.5 分析与讨论

通过充氢与拉伸试验，研究了固溶热处理温度对于沉淀硬化型马氏体不锈钢 17-4PH 的氢脆敏感性的影响，得到的结果与之前文献中所得出的结论有所不同。过去，对于氢脆敏感性与固溶热处理温度两者之间关系的研究，关注点主要在材料的原奥氏体晶粒尺寸上。因为固溶热处理温度对于原奥氏体晶粒尺寸有着显著的影响。相当多的学者都指出，减小材料的原奥氏体晶粒尺寸有利于提高材料的抗氢脆性能。在这些研究报告中，氢脆敏感性指数会随着固溶热处理温度的降低而减小。然而，试验结果表明，17-4PH 马氏体不锈钢的氢脆敏感性指数与固溶热处理温度的关系并不是单调变化的。在中间温度的固溶处理时，此种钢材具有最好的抗氢脆性能。

众所周知，材料的氢脆敏感性与其本身的内部结构有关。其中晶粒尺寸对于氢脆敏感性的影响显而易见。升高固溶热处理温度会使原奥氏体晶粒尺寸增加，导致晶界在内部结构中的占比下降。通常来讲，晶界被认为是材料内部结构中的氢陷阱。其有助于将材料内部的氢束缚住，在拉伸过程中阻止氢向裂纹尖端移动，从而提高材料的抗氢脆性能。另外，有学者指出，孪晶结构的存在对于材料的抗氢脆性能是不利的。而减小原奥氏体晶粒尺寸可以降低孪晶结构在材料中存在的比例，这一理论同样解释了为什么较小的晶粒尺寸对应着较低的氢脆敏感性。

然而根据本章的研究结果，随着固溶热处理温度的升高，17-4PH 马氏体不锈钢的氢脆敏感性呈现出先下降后上升的变化规律。对于这种情况，推断 17-4PH 马氏体不锈钢中的析出相对于材料的氢脆敏感性同样起着重要影响。铜在铁中的最大固溶率会随着固溶热处理温度的升高而增大。也就是说，提高固溶热处理温度，会有更多的铜原子固溶在合金中。进而在随后的时效处理时，会有更多的富铜相可以析出在组织中。相关文献指出，更高的固溶热处理温度可以使更多的铜固溶于铁基体中，在这种情况下析出强化效应得到增强，材料的强度更高。根据力学性能变化规律可知，随着固溶热处理温度的升高，17-4PH 马氏体不锈钢的屈服强度和抗拉强度均得到增强。这一结果也印证了，富铜相析出强化的影响在较高的固溶热处理温度下得到了加强。此外，研究表明合金中的析出相也是一种重要的氢陷阱。它的存在对于降低氢在材料中的扩散速率同样具有不可忽视的作用，这也解释了为什么 17-4PH 马氏体不锈钢的氢脆敏感性在固溶热处理温度逐渐升高时，并没有呈现出单调减少的变化规律。

图 4.26 构建了 17-4PH 马氏体不锈钢的结构示意图。其中图 4.26(a)(b)和(c)分别为固溶热处理温度为 890℃、1090℃以及 990℃时材料的内部结构。图中多边形代表原奥氏体晶粒，小圆点代表富铜相析出颗粒。由图所示，17-4PH 马氏体不锈钢在固溶热处理温度为 890℃时具有最小的原奥氏体晶粒尺寸，但是其中的富铜相数量也最少。而在固溶热处理温度为 1090℃时，材料内部的富铜相数量最多，但是此时晶粒尺寸最大。当固溶热处理温度为 990℃时，17-4PH 马氏体不锈钢在晶粒尺寸以及析出相数量这两方面具有较为理想的组合情况。此时氢在材料中的扩散速率最低，氢浓度最大，因而材料的抗氢脆性能最好。这也解释

了为什么在中间固溶热处理温度990℃进行热处理时，17-4PH马氏体不锈钢具有最低的氢脆敏感性。

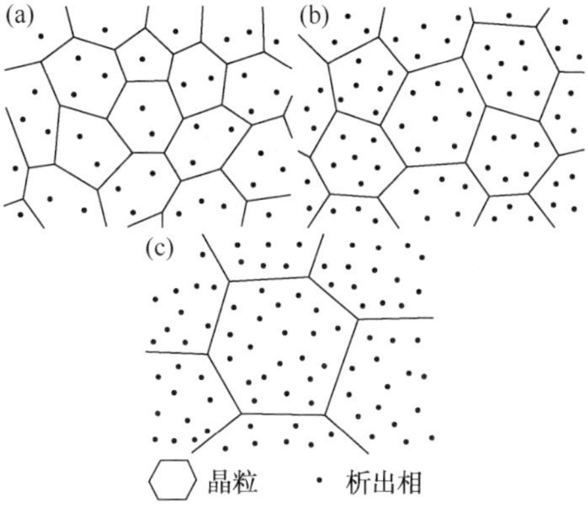


图4.26　17-4PH马氏体不锈钢的内部结构示意

综上所述，固溶热处理温度对于17-4PH马氏体不锈钢的氢脆敏感性具有一定的影响。由预充氢及拉伸试验结果可知，随着固溶热处理温度从890℃升高至1090℃，17-4PH马氏体不锈钢的氢脆敏感性先下降后上升。在固溶热处理温度为990℃时，材料具有最好的抗氢脆性能。氢渗透试验结果表明，随着固溶热处理温度的升高，17-4PH马氏体不锈钢中氢的扩散速率先下降后上升，这与材料的氢脆敏感性具有相同的变化规律。在固溶热处理温度为990℃时，钢中氢的扩散速率最低，溶解度最大。对于17-4PH马氏体不锈钢，其氢脆敏感性主要受到原奥氏体晶粒尺寸及析出相数量的影响。这两种因素的共同作用致使17-4PH马氏体不锈钢的氢脆敏感性随着固溶热处理温度的升高出现先下降后上升的变化规律。

# 第 5 章 应力腐蚀与氢脆的防护

在材料科学与工程领域中，应力腐蚀与氢脆是两种重要的失效机制，它们不仅影响材料的性能与寿命，还直接关系到工业生产的安全与经济效益。随着现代工业的发展，对材料性能的要求日益提高，应力腐蚀与氢脆的防护研究显得尤为重要。

应力腐蚀是指在应力和腐蚀环境的共同作用下，材料发生的一种低应力脆性断裂现象。这种断裂往往没有明显的塑性变形，且断裂速度极快，给工业生产带来了极大的隐患。而氢脆则是由于氢原子在金属内部扩散、聚集并导致材料脆化的现象，同样对材料的安全使用构成了严重威胁。

应力腐蚀与氢脆的发生往往与材料的化学成分、微观结构、应力状态以及环境介质等因素密切相关。因此，深入研究应力腐蚀与氢脆的机理，探索有效的防护措施，对于提高材料的使用寿命、保障工业生产的安全具有重要意义。

## 5.1 应力腐蚀的防护策略

### 5.1.1 材料选择与设计

在应力腐蚀的防护策略中，材料选择与设计是至关重要的一环。以下是关于材料选择与设计在应力腐蚀防护中的关键考虑因素。

(1) 材料选择

根据特定的腐蚀环境和应力条件，选择具有优良耐应力腐蚀性能的材料。例如，奥氏体不锈钢在特定的介质中通常具有较好的抗腐蚀性能，且应力腐蚀破裂的倾向较小。在材料中添加合金元素，如镍、铬、铜等，这些元素能提高材料的韧性，减少应力腐蚀破裂的风险。同时，避免使用含有有害于耐蚀性的元素，如 P、N、O 等。如图 5.1 所示，越高的 P 含量越容易引起应力腐蚀开裂。确保所选材料具有足够的强度，以承受预期的应力和压力，防止因材料强度不足而导致的应力腐蚀。在满足强度要求的前提下，尽量选用低温材料。低温时材料的屈服强度低，不容易产生塑性变形，因此不容易发生应力腐蚀。

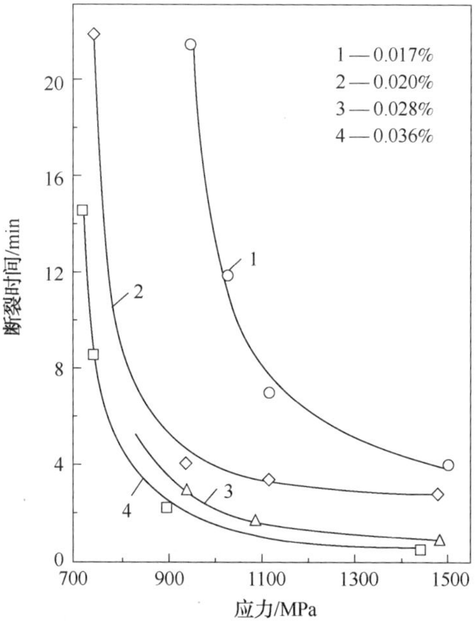


图 5.1 P 元素对钢材应力腐蚀的影响

(2) 材料设计

设计上应尽量减小零件上的应力集中，以减少应力腐蚀的风险。这可以通过优化零件形状、减小截面尺寸变化、增加圆角等方式实现(图 5.2)。残余拉应力是产生应力腐蚀的重要条件之一，因此，从工艺上说，加热和冷却过程应尽可能均匀，必要时采用退火工艺以消除内应力，或者采用喷丸或表面热处理，使零件表层产生一定的残余压应力，以抵抗应力腐蚀的发生。在复杂的环境中，可能需要将不同种类的材料组合使用以达到最佳的防护效果，这时需要考虑不同材料之间的相容性和协同效应。

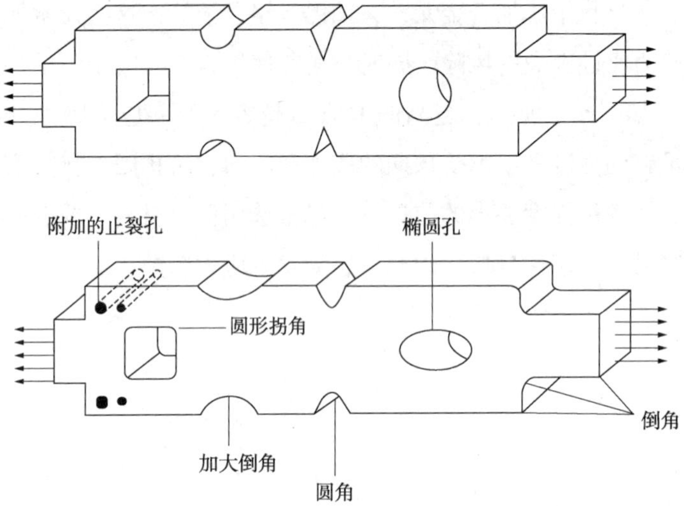


图 5.2　降低应力集中的设计方法

综上所述，材料选择与设计在应力腐蚀防护中起着至关重要的作用。通过合理选择和设计材料，可以显著降低应力腐蚀的风险，提高材料的使用寿命和安全性。

## 5.1.2　表面处理与涂层技术

在应力腐蚀的防护策略中，表面处理与涂层技术占据着举足轻重的地位。这些技术通过在材料表面形成一层保护屏障，有效隔绝腐蚀介质与材料基体的直接接触，从而显著增强材料的耐应力腐蚀性能。

表面处理技术主要利用物理、化学或机械手段对材料表面进行改性，以改善其抗腐蚀性能。这些技术包括但不限于以下几种。

(1) 喷砂处理。通过高速喷射砂粒或钢丸，清理材料表面的污垢、氧化皮和锈蚀层，同时增加表面的粗糙度，为后续涂层提供更好的附着力。图 5.3 为金属的喷砂处理。

图 5.3　金属的喷砂处理

（2）阳极氧化。利用电解作用在金属表面形成一层氧化膜，该氧化膜具有良好的耐腐蚀性、耐磨性和绝缘性，能显著提高金属的防护性能。图 5.4 为金属的表面阳极氧化。

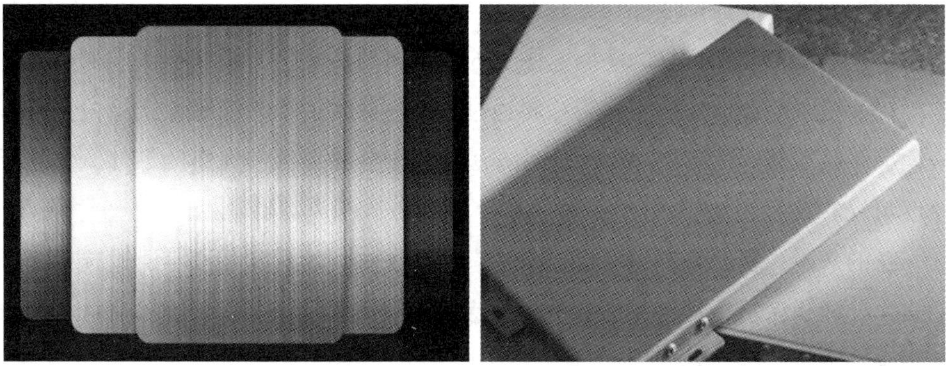

图 5.4　金属的表面阳极氧化

(3) 化学镀。在金属表面通过化学反应沉积一层金属或合金层，形成耐腐蚀的保护层。这种方法可以在复杂形状的零件上形成均匀的镀层，且不需要外部电源。

涂层技术是通过在材料表面涂覆一层或多层具有防腐性能的涂料，形成一层保护膜来防止腐蚀。常见的涂层技术包括以下几种。

(1) 防腐漆涂层。防腐漆是保护金属免受腐蚀的重要涂料，它能在金属表面形成一层保护膜，有效隔绝金属与腐蚀介质的接触。根据使用环境和需求，可以选择不同类型的防腐漆，如环氧涂料、聚氨酯涂料等。图 5.5 为金属材料的防腐漆喷涂。

图 5.5　金属材料的防腐漆涂层

(2) 热喷涂涂层。利用高温热源将喷涂材料加热至熔化或半熔化状态，然后高速喷射到基体表面形成涂层。这种方法可以形成厚度均匀、结合力强的涂层，适用于大型设备和结构件的防腐。图 5.6 为金属的热喷涂涂层制备。

(3) 粉末喷涂涂层。将粉末涂料通过静电喷涂或火焰喷涂等方式涂覆在基体表面，然后加热固化形成涂层。这种方法适用于各种形状和大小的零件，且涂层厚度可控。

总的来说，表面处理与涂层技术是应力腐蚀防护的重要手段。通过选择合适的表面处理和涂层技术，并结合材料的特性和使用环境，可以显著提高材料的耐应力腐蚀性能，延长其使用寿命。

图 5.6 金属的热喷涂涂层

## 5.1.3 腐蚀抑制剂的应用

腐蚀抑制剂的应用是应力腐蚀防护策略中的一种重要方法。腐蚀抑制剂，也称为缓蚀剂，是一种能够显著减少或阻止金属材料在腐蚀环境中发生化学或电化学反应的物质。它们的作用原理是通过改变腐蚀介质的性质降低腐蚀速率，从而延长材料的使用寿命(图 5.7)。

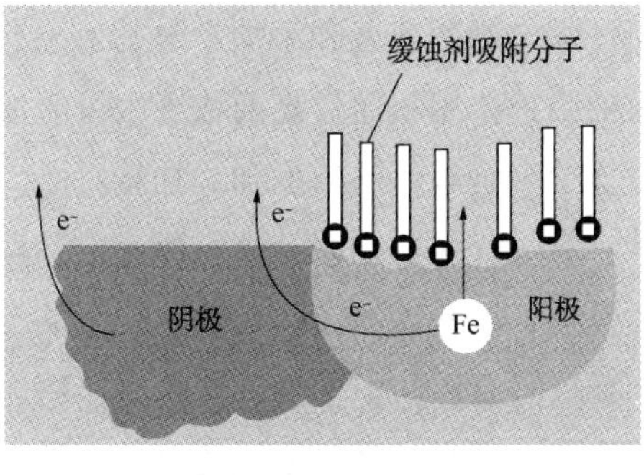


图 5.7 腐蚀抑制剂作用原理

在应力腐蚀的防护中，腐蚀抑制剂的应用主要体现在以下几个方面。

(1) 改变介质的腐蚀性。腐蚀抑制剂可以添加到腐蚀介质中，通过改变介质的 pH、氧化还原电位等性质，以降低介质的腐蚀性。例如，在酸性介质中添加碱性缓蚀剂，可以中和介质中的酸性物质，减少氢离子的浓度，从而降低氢脆的风险。

(2) 形成保护膜。一些腐蚀抑制剂可以在金属表面形成一层保护膜，将金属与腐蚀介质隔离。这层保护膜可以阻止腐蚀介质与金属表面的直接接触，从而降低腐蚀速率。例如，某些有机缓蚀剂可以在金属表面形成一层致密的有机膜，起到良好的防护作用。

(3) 促进钝化。钝化是一种使金属表面形成一层稳定、致密的氧化膜的过程。这种氧化膜可以阻止金属与腐蚀介质的进一步反应。一些腐蚀抑制剂可以促进金属的钝化过程，提高金属的耐腐蚀性。

(4) 影响电化学反应。腐蚀抑制剂可以改变金属在腐蚀介质中的电化学行为，影响阳极和阴极的反应速率。例如，某些缓蚀剂可以抑制阴极的析氢反应，降低氢脆的敏感性。

在选择和使用腐蚀抑制剂时，需要考虑以下几个因素。

(1) 介质性质。不同的腐蚀介质对缓蚀剂的要求不同，因此，在选择缓蚀剂时，需要了解介质的性质，如 pH、温度、离子浓度等。

(2) 金属种类。不同的金属对缓蚀剂的需求也不同。一些缓蚀剂可能对某种金属有效，但对其他金属无效，因此，在选择缓蚀剂时，需要考虑金属的种类和性质。

(3) 浓度和添加量。缓蚀剂的浓度和添加量对其效果有很大的影响。过低的浓度可能无法起到有效的防护作用，而过高的浓度则可能浪费资源并可能产生副作用，因此，需要通过实验确定最佳的浓度和添加量。

(4) 环保和安全性。在选择缓蚀剂时，还需要考虑其环保和安全性。一些缓蚀剂可能对环境或人体有害，因此需要选择环保、安全的缓蚀剂。

总之，腐蚀抑制剂在应力腐蚀防护中发挥着重要作用。通过选择合适的缓蚀剂并控制其浓度和添加量，可以有效降低金属的腐蚀速率，延长其使用寿命。

## 5.2 氢脆的防护策略

### 5.2.1 去氢处理

氢脆断裂是材料中的氢与内部结构作用的结果。降低材料中的氢含量可以有效避免氢脆的发生。金属材料在进行熔炼、酸洗、电镀等处理之后会有氢的引入，因此需要对材料进行去氢处理。

在实际生产过程中，最简便的去氢手段就是对材料或工件进行加热处理，利用氢在高温下的高扩散率，将内部中的氢释放出去。加热去氢有两种常见方法：一种是将试件放在烘箱内进行加热，配以真空设备去氢效果会更好，如图 5.8 所示；另一种是在热油中进行去氢，这种方法对设备的要求较低，可使试件均匀受热，且对试样的镀层有填充孔隙的作用，有助于镀层防护能力的提升。

图 5.8　热处理除氢炉

热处理去氢对金属材料氢脆的防护有积极作用，但材料的去氢处理只能在试件服役前进行，对于服役过程中渗入的氢却无能为力。考虑在大多数氢脆断裂问题中，危害材料寿命的氢一般都是从外部进入内部结构中，且氢含量的增加是一个漫长的累积过程，因此这类方法在实际应用中作用有限。再者，利用热处理除氢时，对于热处理温度及时间的掌控也非常重要。过高的热处理温度可能会引起非预期的结构变化，从而影响金属材料的某些性能。

### 5.2.2　材料内部结构调整

许多试验证明，金属内部组织结构与材料的氢脆敏感性有紧密联系。改变组织结构是提升材料抗氢脆性能的有效途径。

改变合金的元素比例或添加其他元素可以降低发生氢脆断裂的可能性。研究表明，适量 Ti 元素的添入有助于碳化物的形成。细小的 TiC 颗粒可作为不可逆氢陷阱，抑制氢扩散，提升材料的抗氢脆性能。而 Ti 元素加入过多时，容易形成粗大的 Ti 夹杂物，合适加入量为 0.03%~0.06%。V 元素对于高强度钢的耐延迟断裂性能也有一定影响。适量的 V 元素提高了高强度钢的回火抗力，也有利于形成碳化物，这对提升材料的抗氢脆性能有益。也有研究表明，P 元素可诱发钢材的氢致开裂，降低 P 元素含量能提升氢致开裂的门槛应力强度。增加钢中的 Mo 与 Ti 元素可以抑制 P 元素的偏聚，从而降低氢脆敏感性。贝氏体钢中的 Al 元素有助于细小碳化物的析出，同时也可以增加二次裂纹数量，这些结构的改善均有利于抵抗氢脆。

通过改变材料的组织结构同样可以提高抗氢脆性能。研究工作表明，细化晶粒可以增进材料的氢脆抗性。对 T200 马氏体时效钢进行 820℃ 与 1040℃ 的固溶处理，随后在相同的条件下进行时效处理（482℃，4h）。氢脆试验结果表明，820℃ 固溶热处理试样具有较低的氢脆敏感性。而随着固溶热处理温度升高至 1040℃，试样的晶粒尺寸增加，氢脆敏感性升高，抗氢脆性能变差。对于 2205 双相不锈钢，如图 5.9 所示，在热处理条件相同时，挤压成型的钢材比热锻成型的钢材具有更小的晶粒尺寸（挤压成型 7.59μm，热锻成型 13.89μm），因此，在氢脆试验中体现出更好的抗氢脆性能。

钢中不同的基体组织对氢的敏感程度也有所差别。根据相关研究，在贝氏体、马氏体、珠光体、奥氏体等组织中，马氏体对于氢的敏感度最高。因此，对于马氏体不锈钢，可以通过组织调控增加材料中的珠光体、奥氏体等组织所占比例来提升钢材整体的抗氢脆性能。此外，钢中的脆性夹杂物对于裂纹的形核与扩展通常具有不利影响，而这种不利影响在氢的作用下会被放大。研究表明，氢脆与夹杂物属性有关。钢材的氢致损伤与钢中不可变形的 $Al_2O_3$ 夹杂物有关，而钢中 S 的含量以及可变形的 MnS 夹杂物不影响材料的氢脆敏感性。因此，从预防氢脆断裂的角度来讲，降低钢中的脆性夹杂物数量和尺寸可以起到积极作用。

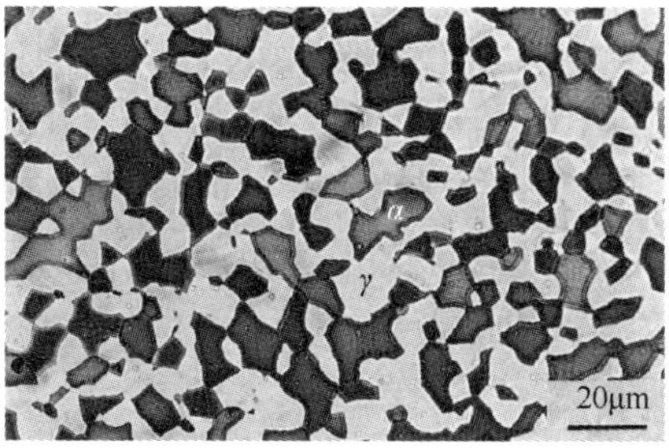


(a)挤压成型

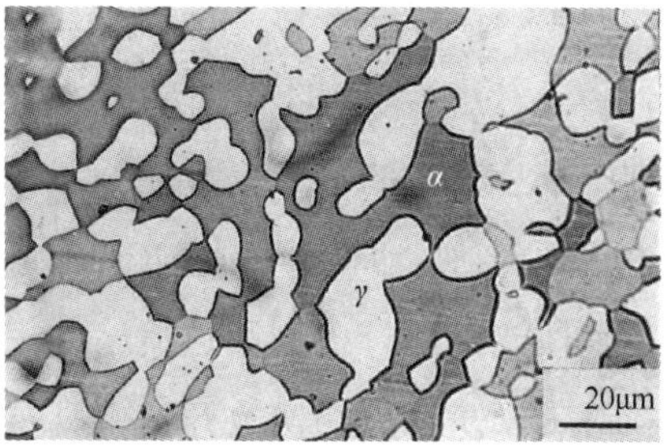


(b)热锻成型

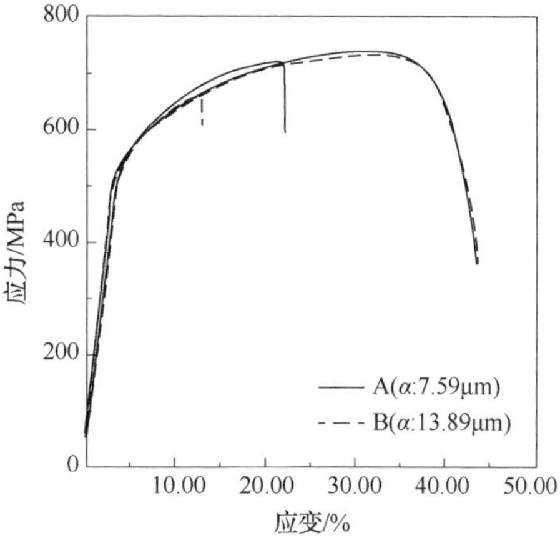


(c)氢脆试验结果

图 5.9　晶粒尺寸对 2205 双相不锈钢氢脆敏感性的影响

## 5.2.3　表面处理

通过改变钢材的内部组织结构可以提升材料的抗氢脆性能。然而组织结构的改变往往导致性能的变化，材料的力学性能或耐腐蚀性能有可能受损。因此，结合实际的应用，研究者提出了一些表面处理的方法，用来减缓材料的氢脆失效问题。

在材料表面涂覆保护涂层是常见的预防氢脆的手段。涂层保护的方法多种多样，在金属表面抹一层油脂这种最简易的方法也能起到保护作用。它可以缓解金属表面的电化学反应，减少进入材料中的氢原子。而随着科学技术的发展，一些复杂的涂层工艺被应用于实际生产中。研究者通过在 Cu 金属表面制备石墨烯涂层，研究了石墨烯涂层对于氢脆敏感性的影响。如图 5.10 所示，添加石墨烯涂层后，渗入 Cu 金属中的氢显著减少，相较于无涂层试样，石墨烯涂层试样在充氢拉伸中具有更大的伸长率。表面发黑处理也可以保护金属材料避免发生氢脆。这种方法通过在金属表面制备 $Cr_2O_3$ 或 $Fe_2O_3$ 氧化膜，阻碍氢的进入，提升材料的抗氢脆性能。此外，利用热喷涂方法，在金属基体表面制备金属、陶瓷或复合涂层，对于预防材料的氢致开裂也具有积极影响。

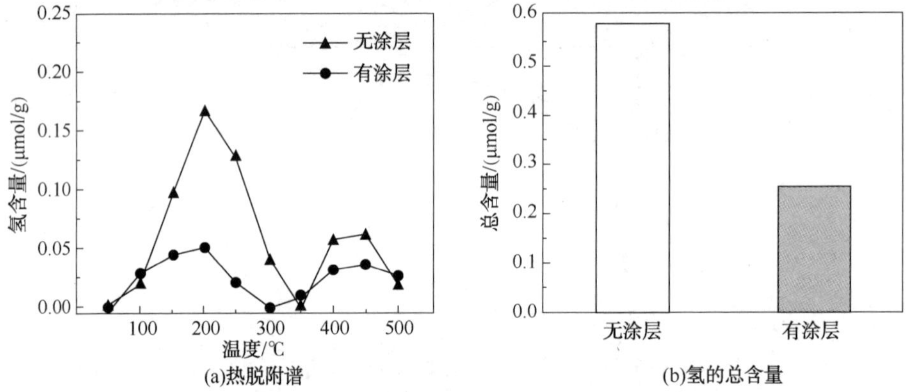


图 5.10　石墨烯涂层抑制氢渗入金属铜

表面离子注入、表面渗碳及渗氮处理等表面加工方法对于氢脆的防护也可以发挥积极作用。研究表明，在马氏体钢中离子注入层厚为 1μm 的 Al，可大幅降低氢在钢中的渗透通量。钢中的碳与氮元素对于材料的氢脆也有影响。一方面，作为间隙原子，C 与 N 原子产生应力，可以阻碍氢原子的扩散；另一方面，作为奥氏体稳定元素，C 与 N 元素的存在可以抑制马氏体相变。因此，表面渗碳或渗氮处理有助于降低材料的氢脆敏感性。渗氮处理的时间决定奥氏体稳定层的深度，氮化时间越久，稳定层深度就越厚。图 5.11 为离子注入原理图。

喷丸处理对于材料中的氢行为具有一定影响。研究表明，表面喷丸对 PSB1080 高强度钢的氢脆有一定影响，从充氢拉伸试验和表面氢致裂纹的观察中得出了两种结果。如图 5.12 所示，在使用小电流充氢后进行拉伸试验，随着喷丸压力的增加，充氢后塑性的损失幅度减小，说明试样的氢脆敏感性在降低。但在使用大电流充氢时，随着喷丸压力的增加，表面氢致裂纹的长度与深度增加，说明表面更容易发生氢致开裂。这说明：一方面，喷丸处理后出现的表面喷丸层可以阻碍氢从外部环境进入材料内部；另一方面，表面喷丸处理引入的残余应力加剧了氢致裂纹的产生。因此，实际应用中需要针对具体存在的问题加以区分，选择合适的喷丸处理工艺才能提升基体的抗氢脆性能。

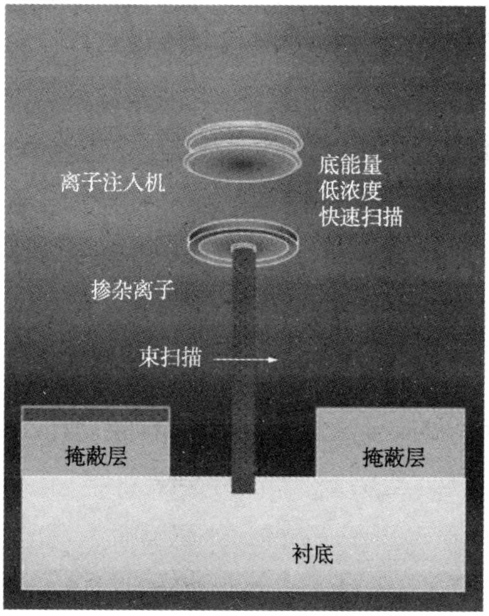


图 5.11　离子注入原理

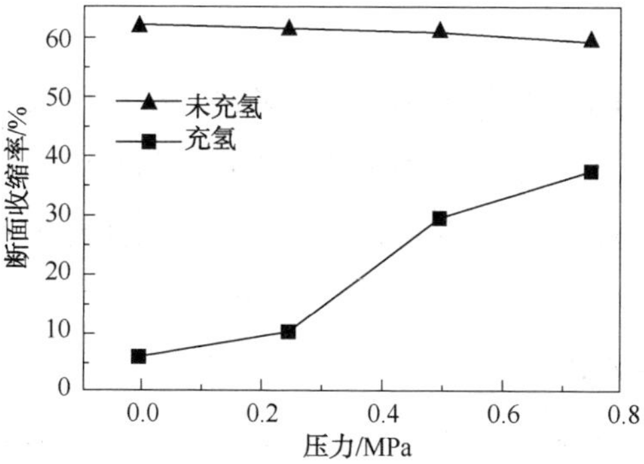


图 5.12　喷丸对充氢拉伸塑性的影响

## 5.3 应力腐蚀与氢脆防护的法规与标准

### 5.3.1 应力腐蚀与氢脆防护的政策与法规

应力腐蚀和氢脆是材料科学领域中重要的失效机制，它们对工业生产和设备安全构成了严重威胁。为了保障生产安全，防止事故发生，相关机构制定了一系列政策与法规，并具体实施了相应措施，以指导和规范应力腐蚀与氢脆防护的工作。

(1) 安全标准与法规

制定并修订与材料、设备安全相关的法规和标准，明确对应力腐蚀和氢脆风险的评估和控制要求。要求企业按照相关法规和标准进行生产活动，确保产品的安全性和可靠性。定期开展安全法规的宣传和培训活动，提高企业员工的安全意识和操作技能。

(2) 技术研发支持

设立科研项目，资助企业、高校和科研机构进行应力腐蚀和氢脆防护技术的研发。提供资金支持和税收优惠，鼓励企业加大在材料科学、机械工程等领域的研发投入。搭建技术交流平台，促进产学研合作，推动技术成果的转化和应用。

(3) 监测与检测要求

制定应力腐蚀和氢脆敏感设备和材料的监测与检测要求，明确检测周期、检测方法和检测标准。要求企业按照相关要求进行监测和检测，确保设备和材料的性能符合要求。加强对监测和检测机构的监管，确保其具备相应的技术能力和资质要求。

(4) 事故报告与处理制度

建立事故报告与处理制度，要求企业在发生应力腐蚀和氢脆相关事故时立即报告。相关部门组织事故调查组，对事故进行深入调查和分析，找出事故原因并总结经验教训。对事故责任单位和个人进行追责和处理，防止类似事故再次发生。

(5) 实施与监督

加强法规宣传与教育，通过媒体、网络等渠道加强对应力腐蚀和氢脆防护法规的宣传和教育，提高企业和公众对法规的认知度和遵守意识。加大监督检查力度，相关部门加强对企业和机构的监督检查力度，确保其遵守相关法规和政策要求。对于违法违规行为，依法进行处罚和纠正。加强国际合作与交流，积极参与国际的合作与交流活动，借鉴他国的先进经验和技术成果，提高我国应力腐蚀和氢脆防护工作水平。

应力腐蚀和氢脆防护是一个长期而艰巨的任务，需要政府、企业和科研机构共同努力。通过制定和执行相关政策和法规，加强技术研发和人才培养，实现降低应力腐蚀和氢脆带来的风险，保障生产和设备的安全稳定运行。

### 5.3.2 标准与规范的作用

标准与规范在应力腐蚀与氢脆防护中扮演着至关重要的角色。以下是这些标准和规范在该领域中的具体作用。

(1) ASTM(美国材料与试验协会)标准

ASTM 制定了一系列关于金属材料的标准，其中包括针对应力腐蚀和氢脆的评估方法、测试标准和材料规范。这些标准被广泛应用于评估材料的抗应力腐蚀和氢脆性能，为材料的选择和应用提供了重要依据。具体标准规范有：ASTM G36《在沸腾的氯化镁溶液中测定金属和合金应力腐蚀开裂敏感性的标准试验方法》、ASTM G38《在沸腾的氯化镁溶液中测定不锈钢和合金应力腐蚀开裂敏感性的标准实践》、ASTM G48《在硫酸-硫酸铁溶液中测定金属和合金应力腐蚀开裂敏感性的标准实践》、ASTM G67《测量金属材料在氢气中延迟断裂敏感性的标准试验方法》。

(2) NACE(美国国家腐蚀工程师协会)标准

NACE 主要关注腐蚀控制领域，其制定的标准中包括针对特定环境(如油气田、化工等)中材料应力腐蚀和氢脆行为的评估和防护。这些标准对于确保在腐蚀性环境中使用的设备和材料的安全性和可靠性至关重要。具体标准规范有：NACE MR0175/ISO 15156《石油和天然气工业中金属材料在含硫化氢环境中抗硫化物应力开裂和应力腐蚀开裂的金属材料》。

(3) ISO(国际标准化组织)标准

ISO 制定了一系列关于材料、设备和工艺的国际标准，其中也包括与应力腐蚀和氢脆相关的标准。这些国际标准为全球范围内的企业和组织提供了统一的指导和要求，促进了应力腐蚀和氢脆防护技术的国际交流与合作。具体标准规范有：

ISO 7539《金属和合金在沸腾的氯化镁溶液中应力腐蚀开裂敏感性的测定》、ISO 12732《金属在含氢环境中氢脆敏感性的评估》。

(4) API(美国石油学会)标准

API 主要针对石油和天然气行业制定了一系列标准，其中包括关于油气管道、储罐等设备中材料应力腐蚀和氢脆行为的评估和防护。这些标准对于确保油气行业设备的安全运行具有重要意义。具体标准规范有：API 579《基于风险的检测(RBI)推荐做法》(其中涉及对包括应力腐蚀和氢脆在内的多种失效机制的评估)、API RP 941《焊接、热影响区和基材的硬度控制》(虽然不直接针对应力腐蚀和氢脆，但硬度控制对防止这些现象很重要)。

(5) GB(中国国家标准)

中国也制定了一系列关于金属材料、腐蚀防护和应力腐蚀与氢脆评估的国家标准。这些标准结合了中国国情和行业需求，为中国的材料科学、腐蚀防护和安全生产领域提供了重要的技术支持和指导。具体标准规范有：GB/T 15970《金属和合金的腐蚀　应力腐蚀试验》、GB/T 228.1《金属材料　拉伸试验　第1部分：室温试验方法》(虽然不直接针对应力腐蚀，但拉伸性能与应力腐蚀敏感性有关)、GB/T 24177《金属材料　氢脆敏感性的评价方法》。

这些标准与规范对于企业的生产活动具有重要的指导意义，具体体现在以下方面：

(1) 明确技术要求：行业标准与规范为应力腐蚀与氢脆防护提供了明确的技术要求。这些要求通常基于广泛的科学研究和实际经验，以确保材料、设备和工艺能够满足特定的性能和安全性标准。

(2) 指导产品研发和生产：通过制定具体的标准和规范，企业可以明确了解在研发和生产过程中应遵守的准则。这有助于确保产品在设计、制造和使用过程中都能有效防止应力腐蚀和氢脆的发生。

(3) 保障产品质量和安全：符合行业标准与规范的产品通常具有更高的质量和安全性。这些标准和规范要求企业采用可靠的材料、先进的工艺和严格的质量控制措施，从而确保产品的稳定性和可靠性。

(4) 促进技术创新：行业标准与规范通常会随着技术的发展而不断更新和完善。这为企业提供了明确的技术发展方向，并鼓励企业加大在新技术、新材料和新工艺方面的研发投入。通过技术创新，企业可以进一步提高产品的防护性能，降低应力腐蚀和氢脆的风险。

(5) 规范市场秩序：通过制定和实施行业标准与规范，政府可以规范市场秩序，防止不正当竞争和劣质产品的出现。这有助于保护消费者的权益，提高整个行业的竞争力和可持续发展能力。

(6) 提供法律依据：在出现应力腐蚀和氢脆相关问题时，行业标准与规范可以作为法律依据，用于判断责任归属和赔偿标准。这有助于维护企业的合法权益，促进市场的公平竞争。

总之，行业标准与规范在应力腐蚀与氢脆防护中发挥着不可替代的作用。它们不仅为产品的研发、生产和应用提供了明确的技术要求和指导，还有助于保障产品的质量和安全，促进技术创新和市场秩序的规范。

## 5.4 结论与展望

### 5.4.1 应力腐蚀与氢脆研究现状

应力腐蚀与氢脆作为材料科学领域的重要研究方向，一直备受关注。近年来，随着材料科学、化学、物理以及力学等学科的交叉融合，应力腐蚀与氢脆的研究取得了显著的进展。

首先，在应力腐蚀方面，研究人员通过深入研究各种金属材料在特定环境下的应力腐蚀行为，揭示了应力腐蚀的机理和影响因素。例如，不锈钢在氯化物环境中的应力腐蚀行为、铝合金在含氢环境中的应力腐蚀敏感性等，都得到深入的研究。同时，针对应力腐蚀的评估和预测方法也得到了不断的完善和优化，如电化学测试、慢应变速率拉伸试验等，为应力腐蚀的防护和控制提供了有力的技术支持。

其次，在氢脆方面，研究人员主要关注氢在金属中的扩散、聚集和引起材料性能劣化的机制。通过采用先进的实验手段，如氢渗透试验、原位观察技术等，研究人员揭示了氢在金属中的行为规律和氢脆的机理。同时，针对氢脆的评估和防护方法也得到了不断发展，如热处理、表面涂层等，这些方法能够有效降低材料的氢脆敏感性。

此外，随着计算机技术的快速发展，数值模拟和计算材料学在应力腐蚀与氢脆研究中得到了广泛的应用。通过建立材料微观结构与宏观性能之间的关系模型，研究人员能够更深入地理解应力腐蚀与氢脆的机理，并预测材料的性能变化。这些研究成果为材料的设计和优化提供了重要的理论支持。

### 5.4.2 存在的问题与挑战

尽管应力腐蚀与氢脆的研究取得了显著的进展，但仍存在一些问题和挑战。主要体现在以下几个方面。

(1) 应力腐蚀与氢脆的机理尚未完全明确。尽管研究人员已经揭示了部分机理，但仍有许多细节和影响因素需要进一步探索。例如，氢在金属中的行为受到多种因素的影响，包括温度、压力、氢浓度等，这些因素之间的相互作用和影响机制仍需深入研究。

(2) 应力腐蚀与氢脆的评估和预测方法仍需进一步完善。现有的评估和预测方法虽然具有一定的准确性，但仍存在一定的误差和局限性。因此，需要开发更加准确、可靠和实用的评估和预测方法，以更好地指导材料的防护和控制。

(3) 应力腐蚀与氢脆的研究还面临着一些技术和经济方面的挑战。例如，一些先进的实验手段和测试设备成本较高，难以普及；同时，一些防护和控制方法可能增加材料的成本或降低材料的性能。因此，需要在技术和经济方面进行综合考虑，寻求更加经济、实用的解决方案。

### 5.4.3 未来研究方向与展望

针对应力腐蚀与氢脆研究中存在的问题和挑战，未来研究可以从以下几个方面展开：

首先，进一步深入探索应力腐蚀与氢脆的机理。通过采用先进的实验手段和数值模拟技术，深入研究氢在金属中的行为规律和应力腐蚀的微观机制，为材料的防护和控制提供更加深入的理论支持。

其次，开发更加准确、可靠和实用的评估和预测方法。通过结合多种实验手段和测试技术，建立更加完善的评估和预测体系，提高评估和预测的准确性和可靠性。同时，探索新的评估和预测方法，如基于机器学习和大数据技术的评估和预测方法，以更好地适应复杂多变的应用环境。

再次，加强材料科学与其他学科的交叉融合。通过与化学、物理、力学等学科的交叉融合，探索新的材料设计和优化方法，提高材料的抗应力腐蚀和氢脆性能。同时，加强与国际先进研究机构的合作与交流，借鉴国际先进经验和技术成果，推动应力腐蚀与氢脆研究的快速发展。

最后，注重技术创新和成果转化。通过加强技术创新和成果转化工作，将研究成果应用于实际生产和工程中，以提高材料的可靠性和安全性。同时，加强知识产权保护工作，保护研究人员的创新成果和知识产权权益。

应力腐蚀与氢脆作为材料科学领域的重要研究方向，具有重要的理论意义和应用价值。未来，研究应进一步深入探索其机理和影响因素，开发更加准确、可靠和实用的评估和预测方法，并加强与其他学科的交叉融合和技术创新工作，以推动应力腐蚀与氢脆研究的快速发展。

## 参 考 文 献


[1] Wang S, Quinn S, Starink M, et al. Tribocorrosion damage of a Jethete M152 type stainless steel[J]. Engineering Failure Analysis, 2008, 15(7): 903-912.

[2] Pérez M. Impact of annealing treatments on the softening and work hardening behaviour of Jethete M152 alloy for subsequent cold forming processes[J]. Materials Science & Engineering A, 2017, 690: 303-312.

[3] Ustinovshikov Y, Pushkarev B, Igumnov I. Fe-rich portion of the Fe-Cr phase diagram: electron microscopy study[J]. Journal of Materials Science, 2002, 37(10): 2031-2042.

[4] Kaloshkin S D, Tcherdyntsev V V, Baldokhin Y V, et al. Mechanically alloyed low-nickel austenite Fe-Ni phase: evidence of single-phase paramagnetic state[J]. Journal of Non-Crystalline Solids, 2001, 287(1): 329-333.

[5] Távara S A, Chapetti M D, Otegui J L, et al. Influence of nickel on the susceptibility to corrosion fatigue of duplex stainless steel welds[J]. International Journal of Fatigue, 2001, 23(7): 619-626.

[6] Lothongkum G, Chaikittisilp S, Lothongkum A W. XPS investigation of surface films on high Cr-Ni ferritic and austenitic stainless steels[J]. Applied Surface Science, 2003, 218(1): 203-210.

[7] Shen S, Li X, Zhang P, et al. Effect of solution-treated temperature on hydrogen embrittlement of 17-4 PH stainless steel[J]. Materials Science & Engineering A, 2017, 703: 413-421.

[8] Murayama M, Hono K, Katayama Y. Microstructural evolution in a 17-4 PH stainless steel after aging at 400℃[J]. Metallurgical & Materials Transactions A, 1999, 30(2): 345-353.

[9] Pape J A, Neu R W. A comparative study of the fretting fatigue behavior of 4340 steel and PH 13-8 Mo stainless steel[J]. International Journal of Fatigue, 2007, 29(12): 2219-2229.

[10] Guo Z, Sha W, Vaumousse D. Microstructural evolution in a PH13-8 stainless steel after ageing[J]. Acta Materialia, 2003, 51(1): 101-116.

[11] Hao Q, Qin S, Yu L, et al. Relation between microstructure and formability of quenching-partitioning-tempering martensitic steel[J]. Materials Science & Engineering A, 2016, 671: 135-146.

[12] Wang P, Lu S P, Xiao N M, et al. Effect of delta ferrite on impact properties of low carbon 13Cr-4Ni martensitic stainless steel[J]. Materials Science & Engineering A, 2010, 527(13):

3210-3216.

[13] Moor E D, Lacroix S, Clarke A J, et al. Effect of retained austenite stabilized via quench and partitioning on the strain hardening of martensitic steels[J]. Metallurgical & Materials Transactions A, 2008, 39(11): 2586.

[14] Wang P, Xiao N M, Lu S P, et al. Investigation of the mechanical stability of reversed austenite in 13%Cr-4%Ni martensitic stainless steel during the uniaxial tensile test[J]. Materials Science & Engineering A, 2013, 586(6): 292-300.

[15] Song Y Y, Li X Y, Rong L J, et al. Formation of the reversed austenite during intercritical tempering in a Fe-13%Cr-4%Ni-Mo martensitic stainless steel[J]. Materials Letters, 2010, 64(13): 1411-1414.

[16] Hu J, Du L X, Sun G S, et al. The determining role of reversed austenite in enhancing toughness of a novel ultra-low carbon medium manganese high strength steel[J]. Scripta Materialia, 2015, 104: 87-90.

[17] Zhang J M, Li S X, Yang Z G, et al. Influence of inclusion size on fatigue behavior of high strength steels in the gigacycle fatigue regime[J]. International Journal of Fatigue, 2007, 29(4): 765-771.

[18] Li X, Zhang J, Shen S, et al. Effect of tempering temperature and inclusions on hydrogen-assisted fracture behaviors of a low alloy steel[J]. Materials Science & Engineering A, 2017, 682: 359-369.

[19] 刘杰，叶茂，姜枫，等. 固溶后冷处理对 PH13-8Mo 马氏体不锈钢组织及性能的影响[J]. 金属热处理，2018，43(2)：4.

[20] 仇振安，王海涛，李继良，等. 热处理工艺对 15-5PH 不锈钢组织和力学性能的影响[J]. 金属热处理，2014(5)：77-81.

[21] Liu R L, Yan M F. Improvement of wear and corrosion resistances of 17-4PH stainless steel by plasma nitrocarburizing[J]. Materials & Design, 2010, 31(5): 2355-2359.

[22] Tavares S S M, Pardal J M, Menezes L, et al. Failure analysis of PSV springs of 17-4PH stainless steel[J]. Engineering Failure Analysis, 2009, 16(5): 1757-1764.

[23] Moriconi, Benoit, Halm, et al. Fatigue crack growth under high pressure of gaseous hydrogen in a 15-5PH; martensitic stainless steel: influence of pressure and loading frequency[J]. Metallurgical & Materials Transactions A, 2013, 44(3): 1320-1330.

[24] Perng T P, Wu J K. A brief review note on mechanisms of hydrogen entry into metals[J]. Ma-

terials Letters, 2003, 57(22-23): 3437- 3438.

[25] Armbruster M H. The solubility of hydrogen at low pressure in iron, nickel and certain steels at 400° to 600°[J]. Jamchemsoc, 2002, 65(6): 1043-1054.

[26] Kiuchi K, Mclellan R B. The solubility and diffusivity of hydrogen in well-annealed and deformed iron[J]. Acta Metallurgica, 1983, 31(7): 961-984.

[27] Takahashi J, Kawakami K, Kobayashi Y, et al. The first direct observation of hydrogen trapping sites in TiC precipitation-hardening steel through atom probe tomography[J]. Scripta Materialia, 2010, 63(3): 261-264.

[28] Hirth J P. Effects of hydrogen on the properties of iron and steel[J]. Metallurgical Transactions A, 1980, 11(6): 861-890.

[29] Choo W Y, Lee J Y. Thermal analysis of trapped hydrogen in pure iron[J]. Metallurgical Transactions A, 1982, 13(1): 135-140.

[30] Wang Y F, Li X F, Song X L, et al. Failure analysis of pre-stressed high strength steel bars used in a wind turbine foundation: Experimental and FE simulation[J]. Materials & Corrosion, 2016, 67(4): 406-419.

[31] Wach S, Miodownik A P. The diffusion and permeation of H through pure Fe membranes[J]. Corrosion Science, 1968, 8(4): 271-279.

[32] Ovejero-García J. Hydrogen microprint technique in the study of hydrogen in steels[J]. Journal of Materials Science, 1985, 20(7): 2623-2629.

[33] Itoh G, Haramura N, Ihara T. Behavior of hydrogen in an Ni 3 Al compound investigated by means of hydrogen microprint technique[J]. Intermetallics, 2000, 8(5-6): 599-603.

[34] Takahashi J, Kawakami K, Tarui T. Direct observation of hydrogen-trapping sites in vanadium carbide precipitation steel by atom probe tomography[J]. Scripta Materialia, 2012, 67(2): 213-216.

[35] Tal-Gutelmacher E, Eliezer D, Abramov E. Thermal desorption spectroscopy(TDS)—Application in quantitative study of hydrogen evolution and trapping in crystalline and non-crystalline materials[J]. Materials Science & Engineering A, 2007, 445(6): 625-631.

[36] 刘民治，陈廉，刘盛炎. 钢中白点形成的一种机制[J]. 金属学报，1983，19(2): 111-117.

[37] Song J, Curtin WA. A nanoscale mechanism of hydrogen embrittlement in metals[J]. Acta Materialia, 2011, 59(4): 1557-1569.

[38] Asaoka K, Yokoyama K, Nagumo M. Hydrogen embrittlement of nickel-titanium alloy in biological environment[J]. Metallurgical & Materials Transactions A, 2002, 33(3): 495-501.

[39] Tal-Gutelmacher E, Dan E. The hydrogen embrittlement of titanium-based alloys[J]. JOM Journal of the Minerals Metals and Materials Society, 2005, 57(9): 46-49.

[40] Briant C L, Wang Z F, Chollocoop N. Hydrogen embrittlement of commercial purity titanium [J]. Corrosion Science, 2002, 44(8): 1875-1888.

[41] Birnbaum H K. Hydrogen Related Fracture of Metals[M]. Atomistics of fracture. Boston, MA: Springer US, 1983: 730-769.

[42] Cann C D, Sexton E E. An electron optical study of hydride precipitation and growth at crack tips in zirconium[J]. Acta Metallurgica, 1980, 28(9): 1215-1221.

[43] Lynch S P. Progress towards understanding mechanisms of hydrogen embrittlement and stress corrosion cracking[C], 2007.

[44] Beachem C D. A new model for hydrogen-assisted cracking(hydrogen "embrittlement")[J]. Metallurgical Transactions, 1972, 3(2): 441-455.

[45] Abraham D P, Altstetter C J. Hydrogen-enhanced localization of plasticity in an austenitic stainless steel[J]. Metallurgical & Materials Transactions A, 1995, 26(11): 2859-2871.

[46] 惠卫军，董瀚，翁宇庆，等. 钛对高强度钢耐延迟断裂性能的影响[J]. 钢铁研究学报，2002，14(1)：30-33.

[47] 惠卫军，董瀚，王毛球，等. 钒对高强度钢耐延迟断裂性能的影响[J]. 金属热处理，2002，27(1)：10-12.

[48] Banerji S K, Mcmahon C J, Feng HC. Intergranular Fracture in 4340-Type Steels: Effects of Impurities and Hydrogen[J]. Metallurgical Transactions A, 1978, 9(2): 237-247.

[49] Zheng C, Bo L V, Zhang F, et al. Effect of secondary cracks on hydrogen embrittlement of bainitic steels[J]. Materials Science & Engineering A, 2012, 547(6): 99-103.

[50] Minkovitz E, Eliezer D. Grain-size and heat-treatment effects in hydrogen-assisted cracking of austenitic stainless steels[J]. Journal of Materials Science, 1982, 17(11): 3165-3172.

[51] Tsay L W, Lu H L, Chen C. The effect of grain size and aging on hydrogen embrittlement of a maraging steel[J]. Corrosion Science, 2008, 50(9): 2506-2511.

[52] Chou S L, Tsai W T. Effect of grain size on the hydrogen-assisted cracking in duplex stainless steels[J]. Materials Science and Engineering A, 1999, 270(2): 219-224.

[53] Naninga N, Grochowsi J, Heldt L, et al. Role of microstructure, composition and hardness in

resisting hydrogen embrittlement of fastener grade steels[J]. Corrosion Science, 2010, 52(4): 1237-1246.

[54] Ji S K, You H L, Lee D L, et al. Microstructural influences on hydrogen delayed fracture of high strength steels[J]. Materials Science & Engineering A, 2009, 505(1): 105-110.

[55] Ke W, Lu X, Zhou P, et al. Improved resistance to hydrogen embrittlement by tailoring the stability of retained austenite [J]. Materials Science & Technology, 2017, 33 (13): 1497-1504.

[56] Schiapparelli E, Prado S, Tiebas J J, et al. Relation between different inclusion-matrix interfaces in steels and the susceptibility to hydrogen embrittlement[J]. Journal of Materials Science, 1992, 27(8): 2053-2060.

[57] Bhadeshia HKDH. Prevention of hydrogen embrittlement in steels[J]. ISIJ International, 2016, 56(1): 24-36.

[58] Song R H, Pyun S I, Oriani R A. The hydrogen permeation through passivating film on iron by modulation method[J]. Electrochimica Acta, 1991, 36(5-6): 825-831.

[59] Nam T H, Lee J H, Choi S R, et al. Graphene coating as a protective barrier against hydrogen embrittlement[J]. International Journal of Hydrogen Energy, 2014, 39(22): 11810-11817.

[60] Levchuk D, Koch F, Maier H, et al. Deuterium permeation through Eurofer and α-alumina coated Eurofer[J]. Journal of Nuclear Materials, 2004, 328(2): 103-106.

[61] Michler T. Influence of plasma nitriding on hydrogen environment embrittlement of 1. 4301 austenitic stainless steel[J]. Surface & Coatings Technology, 2008, 202(9): 1688-1695.

[62] Tsuchiyama T, Tsuboi K, Iwanaga S, et al. Suppression of hydrogen embrittlement by formation of a stable austenite layer in metastable austenitic stainless steel [J]. Scripta Materialia, 2014, 90-91(16): 14-16.

[63] Li X, Zhang J, Wang Y, et al. The dual role of shot peening in hydrogen-assisted cracking of PSB1080 high strength steel[J]. Materials & Design, 2016, 110: 602-615.

[64] Addach H, Berçot P, Rezrazi M, et al. Hydrogen permeation in iron at different temperatures[J]. Materials Letters, 2005, 59(59): 1347-1351.

[65] Mohtadi-Bonab M A, Szpunar J A, Collins L, et al. Evaluation of hydrogen induced cracking behavior of API X70 pipeline steel at different heat treatments[J]. International Journal of Hydrogen Energy, 2014, 39(11): 6076-6088.

[66] Chien W T, Tsai C S. The investigation on the prediction of tool wear and the determination of

optimum cutting conditions in machining 17-4PH stainless steel[J]. Journal of Materials Processing Technology, 2003, 140(1-3): 340-345.

[67] Raj S V, Ghosn L J, Lerch B A, et al. Mechanical properties of 17-4PH stainless steel foam panels[J]. Materials Science and Engineering A, 2007, 456(1-2): 305-316.

[68] Christien F, Gall R L, Saindrenan G. Synergetic effect of hardness and phosphorus grain-boundary segregation on the ductile-to-brittle transition temperature of 17-4 PH steel[J]. Metallurgical and Materials Transactions A: Physical Metallurgy and Materials Science, 2003, 34(11): 2483-2491.

[69] Wang J, Zou H, Li C, et al. The microstructure evolution of type 17-4PH stainless steel during long-term aging at 350℃[J]. Nuclear Engineering and Design, 2006, 236(24): 2531-2536.

[70] Rivolta B, Gerosa R. On the non-isothermal precipitation of copper-rich phase in 17-4 PH stainless steel using dilatometric techniques[J]. Journal of Thermal Analysis & Calorimetry, 2010, 102(3): 857-862.

[71] Rack H J, Kalish D. The strength, fracture toughness and low cycle fatigue behavior of 17-4 PH stainless steel[J]. Metallurgical Transactions, 1974, 5(7): 1595-1605.

[72] Wang J, Zou H, Li C, et al. The effect of microstructural evolution on hardening behavior of type 17-4PH stainless steel in long-term aging at 350℃[J]. Materials Characterization, 2006, 57(4-5): 274-280.

[73] Tavares S S M, Silva F J D, Scandian C, et al. Microstructure and intergranular corrosion resistance of UNS S17400(17-4PH) stainless steel[J]. Corrosion Science, 2010, 52(11): 3835-3839.

[74] Hsiao C N, Chiou C S, Yang J R. Aging reactions in a 17-4 PH stainless steel[J]. Materials Chemistry and Physics, 2002, 74(2): 134-142.

[75] Chiang W C, Pu C C, Yu B L, et al. Hydrogen susceptibility of 17-4 PH stainless steel[J]. Materials Letters, 2003, 57(16-17): 2485-2488.

[76] Arisoy C F, Başman G, Şeşen MK. Failure of a 17-4 PH stainless steel sailboat propeller shaft[J]. Engineering Failure Analysis, 2003, 10(6): 711-717.

[77] Clark W G. Effect of temperature and pressure on hydrogen cracking in high strength type 4340 steel[J]. Journal of Materials for Energy Systems, 1979, 1(1): 33-40.

[78] Neuharth J J, Cavalli M N. Investigation of high-temperature hydrogen embrittlement of sensi-

tized austenitic stainless steels[J]. Engineering Failure Analysis, 2015, 49: 49-56.

[79] Moody N R, Baskes M I, Robinson S L, et al. Temperature effects on hydrogen-induced crack growth susceptibility of iron-based superalloys[J]. Engineering Fracture Mechanics, 2001, 68(6): 731-750.

[80] Bénéteau A, Weisbecker P, Geandier G, et al. Austenitization and precipitate dissolution in high nitrogen steels: an in situ high temperature X-ray synchrotron diffraction analysis using the Rietveld method[J]. Materials Science and Engineering A, 2005, 393(1-2): 63-70.

[81] Gao Q, Liu Y, Di X, et al. Influence of austenitization temperature on phase transformation features of modified high Cr ferritic heat-resistant steel[J]. Nuclear Engineering and Design, 2013, 256: 148-152.

[82] Balan K P, Reddy A V, Sarma D S. Effect of single and double austenitization treatments on the microstructure and mechanical properties of 16Cr-2Ni steel[J]. Journal of Materials Engineering and Performance, 1999, 8(3): 385-393.

[83] Zan N, Ding H, Guo X F, et al. Effects of grain size on hydrogen embrittlement ina Fe-22Mn-0. 6C TWIP steel[J]. International Journal of Hydrogen Energy, 2015, 40(33): 10687-10696.

[84] Devanathan M A V, Stachurski Z. The adsorption and diffusion of electrolytic hydrogen in palladium[J]. Proceedings of the Royal Society of London Series A, 1962, 270(1340): 90-102.

[85] Yang K, Qu W S, Kong F Y, et al. Effects of solution treatment temperature on grain growth and mechanical properties of high strength 18%Ni cobalt free maraging steel[J]. Materials Science and Technology, 2003, 19(1): 117-124.

[86] Andrés C G A D, Bartolomé M J, Capdevila C, et al. Metallographic techniques for the determination of the austenite grain size in medium-carbon microalloyed steels[J]. Materials Characterization, 2001, 46(5): 389-398.

[87] Xue Z, Pontin M G, Zok F W, et al. Calibration procedures for a computational model of ductile fracture[J]. Engineering Fracture Mechanics, 2010, 77(3): 492-509.

[88] Scheider I, Brocks W. Simulation of cup-cone fracture using the cohesive model[J]. Engineering Fracture Mechanics, 2003, 70(14): 1943-1961.

[89] Besson J, Steglich D, Brocks W. Modeling of crack growth in round bars and plane strain specimens[J]. International Journal of Solids and Structures, 2001, 38(46): 8259-8284.

[90] Fuchigami H, Minami H, Nagumo M. Effect of grain size on the susceptibility of martensitic

steel to hydrogen-related failure[J]. Philosophical Magazine Letters, 2006, 86(1): 21-29.

[91] Liu Y, Wang M, Liu G. Hydrogen trapping in high strength martensitic steel after austenitized at different temperatures [J]. International Journal of Hydrogen Energy, 2013, 38(33): 14364-14368.

[92] Kakisawa H, Minagawa K, Kimura T, et al. Effect of consolidating temperature on strengthening mechanism in Fe-Cu alloy from rapidly solidified powder[J]. Materials Science and Technology, 2003, 19(6): 743-748.

[93] Hurtado-Noreña C, Danón C A, Luppo M I, et al. Evolution of minor phases in a 9PctCr steel: Effect of tempering temperature and relation with hydrogen trapping[J]. Metallurgical and Materials Transactions A: Physical Metallurgy and Materials Science, 2015, 46(9): 3972-3988.

[94] Couturier L, Geuser F D, Descoins M, et al. Evolution of the microstructure of a 15-5PH martensitic stainless steel during precipitation hardening heat treatment[J]. Materials & Design, 2016, 107: 416-425.

[95] Bressan J D, Daros D P, Sokolowski A, et al. Influence of hardness on the wear resistance of 17-4 PH stainless steel evaluated by the pin-on-disc testing[J]. Journal of Materials Processing Technology, 2008, 205(1-3): 353-359.

[96] Shiue R K, Wu S K, Shiue J Y. Infrared brazing of Ti-6Al-4V and 17-4 PH stainless steel with(Ni)/Cr barrier layer(s)[J]. Materials Science & Engineering A, 2008, 488(1-2): 186-194.

[97] Sen D, Patra A K, Mazumder S, et al. Carbide precipitates in solution-quenched PH13-8 Mo stainless steel: A small-angle neutron scattering investigation[J]. Materials Science & Engineering A, 2005, 397(1-2): 370-375.

[98] Abdelshehid M, Mahmodieh K, Mori K, et al. On the correlation between fracture toughness and precipitation hardening heat treatments in 15-5PH Stainless Steel[J]. Engineering Failure Analysis, 2007, 14(4): 626-631.

[99] Ping D H, Ohnuma M, Hirakawa Y, et al. Microstructural evolution in 13Cr-8Ni-2. 5Mo-2Al martensitic precipitation-hardened stainless steel[J]. Materials Science & Engineering A, 2005, 394(1-2): 285-295.

[100] Leitner H, Schnitzer R, Schober M, et al. Precipitate modification in PH13-8 Mo type maraging steel[J]. Acta Materialia, 2011, 59(12): 5012-5022.

[101] Wu J H, Lin C K. Effect of strain rate on high-temperature low-cycle fatigue of 17-4 PH stainless steels[J]. Materials Science & Engineering A, 2005, 390(1-2): 291-298.

[102] Atxaga G, Pelayo A, Irisarri A M. Failure analysis of a set of stainless steel disc springs[J]. Engineering Failure Analysis, 2006, 13(2): 226-234.

[103] Ding Y S, Tsay L W, Chiang M F, et al. Gaseous hydrogen embrittlement of PH 13-8 Mo steel[J]. Journal of Nuclear Materials, 2009, 385(3): 538-544.

[104] Tsay L W, Chi M Y, Wu Y F, et al. Hydrogen embrittlement susceptibility and permeability of two ultra-high strength steels[J]. Corrosion Science, 2006, 48(8): 1926-1938.

[105] Tsay L W, Chi M Y, Chen H R, et al. Investigation of hydrogen sulfide stress corrosion cracking of PH 13-8 Mo stainless steel[J]. Materials Science & Engineering A, 2006, 416 (1-2): 155-160.

[106] Chen S, Zhao M, Rong L. Effect of grain size on the hydrogen embrittlement sensitivity of a precipitation strengthened Fe-Ni based alloy[J]. Materials Science and Engineering A, 2014, 594(2): 98-102.

[107] Zhang Z, Wang W, Fu H, et al. Effect of quench cooling rate on residual stress, microstructure and mechanical property of an Fe-6. 5Si alloy[J]. Materials Science & Engineering A, 2011, 530(11): 519-524.

[108] Ammar H R, Moreau C, Samuel A M, et al. Influences of alloying elements, solution treatment time and quenching media on quality indices of 413-type Al-Si casting alloys[J]. Materials Science & Engineering A, 2008, 489(1-2): 426-438.

[109] Nishibata T, Kojima N. Effect of quenching rate on hardness and microstructure of hot-stamped steel[J]. Journal of Alloys & Compounds, 2013, 577(6): S549-S554.

[110] Jiang T, Sun J, Liu H, et al. A high performance martensitic stainless steel containing 1. 5 wt% Si[J]. Materials & Design, 2017, 125: 35-45.

[111] Bilmes PD, Solari M, Llorente CL. Characteristics and effects of austenite resulting from tempering of 13Cr-NiMo martensitic steel weld metals[J]. Materials Characterization, 2001, 46 (4): 285-296.

[112] Schnitzer R, Radis R, Nöhrer M, et al. Reverted austenite in PH 13-8 Mo maraging steels [J]. Materials Chemistry & Physics, 2010, 122(1): 138-145.

[113] Maddi L, Ballal A R, Peshwe D R, et al. Effect of tempering temperature on the stress rupture properties of Grade 92 steel [J]. Materials Science & Engineering A, 2015, 639:

431-438.

[114] Du Y A, Ismer L, Rogal J, et al. First-principles study on the interaction of H interstitials with grain boundaries in α-and γ-Fe[J]. Physrevb, 2011, 84(14): 667-673.

[115] Olden V, Saai A, Jemblie L, et al. FE simulation of hydrogen diffusion in duplex stainless steel[J]. International Journal of Hydrogen Energy, 2014, 39(2): 1156-1163.

[116] Li X, Zhang J, Chen J, et al. Effect of aging treatment on Hydrogen embrittlement of PH 13-8 Mo martensite stainless steel [J]. Materials Science & Engineering A, 2015, 651: 474-485.

[117] Li X, Zhang J, Akiyama E, et al. Effect of heat treatment on hydrogen-assisted fracture behavior of PH13-8Mo steel[J]. Corrosion Science, 2017: 198-212.

[118] Rybiak R, Fouvry S, Bonnet B. Fretting wear of stainless steels under variable temperature conditions: Introduction of a "composite" wear law[J]. Wear, 2010, 268(3-4): 413-423.

[119] Pérez M. Microstructural and texture evolution of Jethete M152 flanged-test pieces during cold rotary forging[J]. Journal of Materials Processing Technology, 2017, 252: 582-594.

[120] Turnbull A, Zhou S. Comparative evaluation of environment induced cracking of conventional and advanced steam turbine blade steels. Part 1: Stress corrosion cracking[J]. Corrosion Science, 2010, 52(9): 2936-2944.

[121] Verona C L, Higginson R L. Stress corrosion cracking of CrNi martensitic stainless steels for steam turbine blades[J]. Materials at High Temperatures, 2009, 26(1): 79-83.

[122] Kim H, Kang Y. Crack evaluation and subsequent solution of the last stage blade in a low-pressure steam turbine[J]. Engineering Failure Analysis, 2010, 17(6): 1397-1403.

[123] Bechtle S, Kumar M, Somerday B P, et al. Grain-boundary engineering markedly reduces susceptibility to intergranular hydrogen embrittlement in metallic materials[J]. Acta Materialia, 2009, 57(14): 4148-4157.

[124] Eliaz N, Shachar A, Tal B, et al. Characteristics of hydrogen embrittlement, stress corrosion cracking and tempered martensite embrittlement in high-strength steels [J]. Engineering Failure Analysis, 2002, 9(2): 167-184.

[125] Lozano-Perez S, Yamada T, Terachi T, et al. Multi-scale characterization of stress corrosion cracking of cold-worked stainless steels and the influence of Cr content[J]. Acta Materialia, 2009, 57(18): 5361-5381.

[126] Tsai T C, Chuang T H. Role of grain size on the stress corrosion cracking of 7475 aluminium

alloys[J]. Materials Science & Engineering A, 1997, 225(1): 135-144.

[127] López H F, Cisneros M M, Mancha H, et al. Grain size effects on the SCC susceptibility of a nitrogen steel in hot NaCl solutions[J]. Corrosion Science, 2006, 48(4): 913-924.

[128] Cao S, Chao V S L, Hinton B, et al. Effects of microtexture and $Ti_3Al$ (alpha (2)) precipitates on stress-corrosion cracking properties of a Ti-8Al-1Mo-1V alloy[J]. Corrosion Science, 2017, 116: 22-33.

[129] Deleume J, Cloué J M, Andrieu E. Influence of δ phase precipitation on the stress corrosion cracking resistance of alloy 718 in PWR primary water[J]. Journal of Nuclear Materials, 2008, 382(1): 70-75.

[130] Ronevich J A, Cooman B C D, Speer J G, et al. Hydrogen effects in prestrained transformation induced plasticity steel[J]. Metallurgical & Materials Transactions A, 2012, 43(7): 2293-2301.

[131] Liu Z Y, Li X G, Du C W, et al. Effect of inclusions on initiation of stress corrosion cracks in X70 pipeline steel in an acidic soil environment[J]. Corrosion Science, 2009, 51(4): 895-900.

[132] Yang Z G, Zhang J M, Li S X, et al. On the critical inclusion size of high strength steels under ultra-high cycle fatigue[J]. Materials Science & Engineering A, 2006, 427(1-2): 167-174.

[133] Schroeder R M, Müller I L. Stress corrosion cracking and hydrogen embrittlement susceptibility of an eutectoid steel employed in prestressed concrete[J]. Corrosion Science, 2003, 45(9): 1969-1983.

[134] Villalba E, Atrens A. Hydrogen embrittlement and rock bolt stress corrosion cracking[J]. Engineering Failure Analysis, 2009, 16(1): 164-175.

[135] Song R G, Blawert C, Dietzel W, et al. A study on stress corrosion cracking and hydrogen embrittlement of AZ31 magnesium alloy[J]. Materials Science & Engineering A, 2005, 399(1-2): 308-317.

[136] Pressouyre G M. A classification of hydrogen traps in steel[J]. Metallurgical Transactions A, 1979, 10(10): 1571-1573.

[137] Chen Y S, Haley D, Gerstl S S, et al. Direct observation of individual hydrogen atoms at trapping sites in a ferritic steel[J]. Science, 2017, 355(6330): 1196-1199.

[138] Tashlykova-Bushkevich II, Amati M, Alemán B, et al. Hydrogen behavior in Al Cr alloys:

Synchrotron-based photoelectron microscopy ofthe rapidly solidified structure[J]. International Journal of Hydrogen Energy, 2016, 41(21): 9100-9107.

[139] Lee J L, Lee J Y. The interaction of hydrogen with the interface of $Al_2O_3$ particles in iron[J]. Metallurgical Transactions A, 1986, 17(12): 2183-2186.

[140] Qin W, Szpunar J A. A general model for hydrogen trapping at the inclusion-matrix interface and its relation to crack initiation[J]. Philosophical Magazine, 2017, 97(34): 1-21.

[141] Bhambroo R, Roychowdhury S, Kain V, et al. Effect of reverted austenite on mechanical properties of precipitation hardenable 17-4 stainlesssteel[J]. Materials Science & Engineering A, 2013, 568(15): 127-133.

[142] Chen Z, Zhou G, Chen Z. Microstructure and hardness investigation of 17-4PH stainless steel by laser quenching[J]. Materials Science & Engineering A, 2012, 534(2): 536-541.

[143] Wang J, Zou H, Li C, et al. The spinodal decomposition in 17-4PH stainless steel subjected to long-term aging at 350℃[J]. Materials Characterization, 2008, 59(5): 587-591.

[144] Yao J, Wang L, Zhang Q, et al. Surface laser alloying of 17-4PH stainless steel steam turbine blades[J]. Optics & Laser Technology, 2008, 40(6): 838-843.

[145] Figueroa D, Robinson MJ. The effects of sacrificial coatings on hydrogen embrittlement and re-embrittlement of ultra high strength steels[J]. Corrosion Science, 2008, 50(4): 1066-1079.

[146] Sampath S, Jiang X Y, Matejicek J, et al. Role of thermal spray processing method on the microstructure, residual stress and properties of coatings: an integrated study for Ni-5 wt.%Al bond coats[J]. Materials Science & Engineering A, 2004, 364(1-2): 216-231.

[147] Pawlowski L. Suspension and solution thermal spray coatings[J]. Surface & Coatings Technology, 2009, 203(19): 2807-2829.

[148] Sarikaya O, Anik S, Aslanlar S, et al. Al-Si/BC composite coatings on Al-Si substrate by plasma spray technique[J]. Materials & Design, 2007, 28(9): 2443-2449.

[149] López A J, Torres B, Taltavull C, et al. Influence of high velocity oxygen-fuel spraying parameters on the wear resistance of Al-SiC composite coatings deposited on ZE41A magnesium alloy[J]. Materials & Design, 2013, 43: 144-152.

[150] Schulz U, Peters M, Bach F W, et al. Graded coatings for thermal, wear and corrosion barriers[J]. Materials Science & Engineering A, 2003, 362(1): 61-80.

[151] Shi L, Sun C, Gao P, et al. Mechanical properties and wear and corrosion resistance of elec-

trodeposited Ni-Co/SiC nanocomposite coating[J]. Applied Surface Science, 2006, 252(10): 3591-3599.

[152] Araghi A, Paydar M H. Electroless deposition of Ni-P-BC composite coating on AZ91D magnesium alloy and investigation on its wear and corrosion resistance[J]. Materials & Design, 2010, 31(6): 3095-3099.

[153] Kim H J, Lee C H, Hwang S Y. Fabrication of WC-Co coatings by cold spray deposition[J]. Surface & Coatings Technology, 2005, 191(2): 335-340.

[154] Basak A K, Matteazzi P, Vardavoulias M, et al. Corrosion-wear behaviour of thermal sprayed nanostructured FeCu/WC-Co coatings[J]. Wear, 2006, 261(9): 1042-1050.

[155] Kamal S, Jayaganthan R, Prakash S, et al. Hot corrosion behavior of detonation gun sprayed $Cr_3C_2$-NiCr coatings on Ni and Fe-based superalloys in $Na_2SO_4$-60% $V_2O_5$ environment at 900℃[J]. Journal of Alloys & Compounds, 2008, 463(1): 358-372.

[156] Li J, Ding C. Improvement in the properties of plasma-sprayed chromium carbide coatings using nickel-clad powders[J]. Surface & Coatings Technology, 2000, 130(1): 15-19.

[157] He J, Ice M, Lavernia E J. Synthesis of nanostructured $Cr_3C_2$-25(Ni20Cr) coatings[J]. Metallurgical & Materials Transactions A, 2000, 31(2): 555-564.

[158] Bal B, Koyama M, Gerstein G, et al. Effect of strain rate on hydrogen embrittlement susceptibility of twinning-induced plasticity steel pre-charged with high-pressure hydrogen gas[J]. International Journal of Hydrogen Energy, 2016, 41(34): 15362-15372.

[159] Li X, Wang Y, Zhang P, et al. Effect of pre-strain on hydrogen embrittlement of high strength steels[J]. Materials Science & Engineering A, 2014, 616: 116-122.

[160] Song R G, Dietzel W, Zhang B J, et al. Stress corrosion cracking and hydrogen embrittlement of an Al-Zn-Mg-Cu alloy[J]. Acta Materialia, 2004, 52(16): 4727-4743.

[161] Rizal S, Homma H, Nazer M, et al. Experimental approach to dimple fracture mechanisms under short pulse loading[J]. Engineering Fracture Mechanics, 2002, 69(12): 1377-1390.

[162] Koyama M, Akiyama E, Sawaguchi T, et al. Hydrogen-assisted quasi-cleavage fracture in a single crystalline type 316 austenitic stainless steel[J]. Corrosion Science, 2013, 75(7): 345-353.

[163] Martin M L, Fenske J A, Liu G S, et al. On the formation and nature of quasi-cleavage fracture surfaces in hydrogen embrittled steels[J]. Acta Materialia, 2011, 59(4): 1601-1606.

[164] Tsay L W, Lee W C, Shiue R K, et al. Notch tensile properties of laser-surface-annealed

17-4 PH stainless steel in hydrogen-related environments[J]. Corrosion Science, 2002, 44(9): 2101-2118.

[165] Brilz M, Biehler J, Hoche H, et al. Development of a hydrogen absorption model to determine absorption kinetics and diffusion coefficients by means of carrier gas hot extraction[J]. International Journal of Hydrogen Energy, 2018, 43(22): 10496-10501.

[166] Toribio J, Ovejero E. Microstructure-based modeling of hydrogen assisted cracking in pearlitic steels[J]. Materials Science & Engineering A, 2001, 319-321(12): 540-543.

[167] Takahashi Y, Kondo H, Asano R, et al. Direct evaluation of grain boundary hydrogen embrittlement: A micro-mechanical approach[J]. Materials Science & Engineering A, 2016, 661: 211-216.

[168] Birnbaum H K, Sofronis P. Hydrogen-enhanced localized plasticity—a mechanism for hydrogen-related fracture[J]. Materials Science & Engineering A, 1994, 176(1-2): 191-202.

[169] Robertson I M. The effect of hydrogen on dislocation dynamics[J]. Engineering Fracture Mechanics, 1999, 64(5): 649-673.

[170] Song J, Curtin W A. Mechanisms of hydrogen-enhanced localized plasticity: An atomistic study using α-Fe as a model system[J]. Acta Materialia, 2014, 68(68): 61-69.

[171] Michler T, Naumann J. Coatings to reduce hydrogen environment embrittlement of 304 austenitic stainless steel[J]. Surface & Coatings Technology, 2009, 203(13): 1819-1828.

[172] Li X, Zhang J, Ma M, et al. Effect of shot peening on hydrogen embrittlement of high strength steel[J]. International Journal of Minerals, Metallurgy and Materials, 2016, 23(6): 667-675.

[173] Causey R A, Fowler J D, Ravanbakht C, et al. Hydrogen Diffusion and Solubility in Silicon Carbide[J]. Journal of the American Ceramic Society, 1978, 61(5-6): 221-225.

[174] He D, Li S, Liu X, et al. Preparation of $Cr_2O_3$ film by MOCVD as hydrogen permeation barrier[J]. Fusion Engineering & Design, 2014, 89(1): 35-39.

[175] Yamada-Takamura Y, Koch F, Maier H, et al. Hydrogen permeation barrier performance characterization of vapor deposited amorphous aluminum oxide films using coloration of tungsten oxide[J]. Surface & Coatings Technology, 2002, 153(2-3): 114-118.

[176] Serra E, Benamati G, Ogorodnikova O V. Hydrogen isotopes transport parameters in fusion reactor materials[J]. Journal of Nuclear Materials, 1998, 255(2-3): 105-115.

[177] Chen P, Yu'E M A, Peng F, et al. 基于相场法的氢脆断裂模拟[J]. 西北工业大学学

报，2022，40(3)：504-511.

[178] 蔡起衡，李光海，王强，等. 基于PSO-Hybrid的不锈钢应力腐蚀开裂敏感性预测模型[J]. 腐蚀与防护，2023，44(6)：96-102.

[179] 常立涛. 压水堆主回路高温水中奥氏体不锈钢加工表面的腐蚀与应力腐蚀裂纹萌生：研究进展及展望[J]. 金属学报，2023，59(2)：191-204.

[180] 巢昺轩，蒋克全，王宝龙. 1Cr17Ni2马氏体不锈钢钣金零件抗腐蚀性能工艺研究[J]. 热加工工艺，2022(051-010).

[181] Li X，Zhang J，Wang Y，et al. Effect of hydrogen on tensile properties and fracture behavior of PH 13-8 Mo steel[J]. Materials & Design，2016，108：608-617.

[182] Escobar D P，Verbeken K，Duprez L，et al. Evaluation of hydrogen trapping in high strength steels by thermal desorption spectroscopy[J]. Materials Science & Engineering A，2012，551(31)：50-58.

[183] 董京楠，刘奕杉，张旭初，等. 氢气压力对L80钢氢脆敏感性的影响规律[J]. 材料保护，2022，55(3)：53-59.

[184] 杜大明，汪洋，白小波. 热处理对17-4PH不锈钢组织和性能的影响[J]. 热处理技术与装备，2012，33(1)：3.

[185] 冯育磊，张训国，叶晋，等. 大型风电轴承滚道表面激光熔覆马氏体不锈钢涂层显微组织及性能研究[J]. 中国激光，2022，49(22)：10.

[186] 李宁，文玉华，张伟，等. 高铜马氏体不锈钢的抗菌性能[J]. 特殊钢，2003，24(4)：29-30.

[187] 刘方，杨宏伟，邓付洁. 掺氢天然气输送用X65管线钢的氢脆行为[J]. 油气储运，2024，(3)：043.

[188] 刘刚，崔振莹，魏甲强，等. 掺氢天然气环境$CH_4$对管线钢氢脆的抑制行为[J]. 油气储运，2023.

[189] 王均，熊计，彭倩，等. 17-4PH不锈钢盐浴复合氮化处理研究[J]. 核动力工程，2009(3)：7.

[190] Brandolt C D S，Noronha L C，Hidalgo G E N，et al. Niobium coating applied by HVOF as protection against hydrogen embrittlement of API 5CT P110 steel[J]. Surface & Coatings Technology，2017，322：10-18.

[191] Ramana P V，Reddy G M，Mohandas T，et al. Microstructure and residual stress distribution of similar and dissimilar electron beam welds – Maraging steel to medium alloy medium carbon

steel[J]. Materials & Design, 2010, 31(2): 749-760.

[192] Hochanadel P W, Edwards G R, Robino C V, et al. Heat treatment of investment cast PH 13-8 Mo stainless steel: Part I. Mechanical properties and microstructure[J]. Metallurgical & Materials Transactions A, 1994, 25(4): 789-798.

[193] Rack H J, Kalish D. The strength and fracture toughness of 18 Ni(350) maraging steel[J]. Metallurgical and Materials Transactions B: Process Metallurgy and Materials Processing Science, 1971, 2(11): 3011-3020.

[194] Abdelshehid M, Mahmodieh K, Mori K, et al. On the correlation between fracture toughness and precipitation hardening heat treatments in 15-5PH stainless steel[J]. Engineering Failure Analysis, 2007, 14(4): 626-631.

[195] Benoit M, Tabaie S, Waqar T, et al. Effects of additive manufacturing processes and isothermal aging on the microstructure and properties of 13-8 Mo precipitation hardening martensitic stainless steel[J]. Additive Manufacturing, 2023, 72: 103615.

[196] Calabrese L, Proverbio E. A review on the applications of acoustic emission technique in the study of stress corrosion cracking[J]. Corrosion and Materials Degradation, 2020, 2(1): 1-30.

[197] Campari A, Ustolin F, Alvaro A, et al. A review on hydrogen embrittlement and risk-based inspection of hydrogen technologies[J]. International Journal of Hydrogen Energy, 2023, 48(90): 35316-35346.

[198] Chen L, Blawert C, Yang J, et al. The stress corrosion cracking behaviour of biomedical Mg-1Zn alloy in synthetic or natural biological media [J]. Corrosion Science, 2020, 175: 108876.

[199] Chen W, Xu L, Zhang Y, et al. Additive manufacturing of high-performance 15-5PH stainless steel matrix composites[J]. Virtual and physical prototyping, 2022, 17(2): 366-381.

[200] Chen Z, Jafarzadeh S, Zhao J, et al. A coupled mechano-chemical peridynamic model for pit-to-crack transition in stress-corrosion cracking[J]. Journal of the Mechanics and Physics of Solids, 2021, 146: 104203.

[201] Cheng X, Zhang H. A new perspective on hydrogen diffusion and hydrogen embrittlement in low-alloy high strength steel[J]. Corrosion Science, 2020, 174: 108800.

[202] Cheruvathur S, Lass E A, Campbell C E. Additive manufacturing of 17-4 PH stainless steel: post-processing heat treatment to achieve uniform reproducible microstructure[J]. JOM Journal

of the Minerals Metals and Materials Society, 2016, 68: 930-942.

[203] Chomienne V, Valiorgue F, Rech J, et al. Influence of ball burnishing on residual stress profile of a 15-5PH stainless steel[J]. CIRP Journal of Manufacturing Science and Technology, 2016, 13: 90-96.

[204] Couturier L, De Geuser F, Descoins M, et al. Evolution of the microstructure of a 15-5PH martensitic stainless steel during precipitation hardening heat treatment [J]. Materials & Design, 2016, 107: 416-425.

[205] Cui C, Ma R, Martínez-Pañeda E. A generalised, multi-phase-field theory for dissolution-driven stress corrosion cracking and hydrogen embrittlement[J]. Journal of the Mechanics and Physics of Solids, 2022, 166: 104951.

[206] Cui P, Yu S, Zhou F, et al. Unveiling the precipitate evolutions and relationships between the nano-precipitates and mechanical properties in PH13-8Mo stainless steel[J]. Materials Science and Engineering: A, 2022, 856: 143986.

[207] Dai H, Shi S, Guo C, et al. Pits formation and stress corrosion cracking behavior of Q345R in hydrofluoric acid[J]. Corrosion Science, 2020, 166: 108443.

[208] Dubey D, Kadali K, Panda S S, et al. Comparative study on the stress corrosion cracking susceptibility of AZ80 and AZ31 magnesium alloys[J]. Materials Science and Engineering: A, 2020, 792: 139793.

[209] Erlach S D, Leitner H, Bischof M, et al. Comparison of NiAl precipitation in a medium carbon secondary hardening steel and C-free PH13-8 maraging steel[J]. Materials Science and Engineering: A, 2006, 429(1-2): 96-106.

[210] Ghaffari M, Nemani A V, Nasiri A. Microstructure and mechanical behavior of PH 13-8Mo martensitic stainless steel fabricated by wire arc additive manufacturing[J]. Additive Manufacturing, 2022, 49: 102374.

[211] Gong P, Turk A, Nutter J, et al. Hydrogen embrittlement mechanisms in advanced high strength steel[J]. Acta Materialia, 2022, 223: 117488.

[212] Guo Z, Sha W, EA W. Improving toughness of PH13-8 stainless steel through Intercritical annealing[J]. ISIJ International, 2003, 43(10): 1622-1629.

[213] Heuer A, Kahn H, O'Donnell L, et al. Carburization-enhanced passivity of PH13-8 Mo: a precipitation-hardened martensitic stainless steel[J]. Electrochemical and Solid-State Letters, 2010, 13(12): C37.

[214] Ma Z, Liu J, Liu S, et al. Quench-induced contributions of high angle grain boundary and low angle grain boundary to exfoliation corrosion propagation in an AlZnMgCu alloy[J]. Journal of Materials Research and Technology, 2021, 15: 6866-6870.

[215] Shen S, Song X, Li Q, et al. Effect of CrxCy-NiCr coating on the hydrogen embrittlement of 17-4 PH stainless steel using the smooth bar tensile test[J]. Journal of Materials Science, 2019, 54(9): 7356-7368.

[216] Koyama M, Akiyama E, Tsuzaki K, et al. Hydrogen-assisted failure in a twinning-induced plasticity steel studied under in situ hydrogen charging by electron channeling contrast imaging[J]. Acta Materialia, 2013, 61(12): 4607-4618.

[217] Oudriss A, Creus J, Bouhattate J, et al. Grain size and grain-boundary effects on diffusion and trapping of hydrogen in pure nickel[J]. Acta Materialia, 2012, 60(19): 6814-6828.

[218] Deng W, Gao X, Qin X, et al. Effect of cooling rate on microstructure of deformed and undeformed X80 pipeline steels[J]. Acta Metall Sin, 2010, 46(8): 959-966.

[219] Mai H L, Cui X Y, Scheiber D, et al. An understanding of hydrogen embrittlement in nickel grain boundaries from first principles[J]. Materials & Design, 2021, 212: 110283.

[220] Martin M L, Connolly M J, DelRio F W, et al. Hydrogen embrittlement in ferritic steels[J]. Applied physics reviews, 2020, 7(4).

[221] Meda U S, Bhat N, Pandey A, et al. Challenges associated with hydrogen storage systems due to the hydrogen embrittlement of high strength steels[J]. International Journal of Hydrogen Energy, 2023.

[222] Meredith S, Zuback J, Keist J, et al. Impact of composition on the heat treatment response of additively manufactured 17-4 PH grade stainless steel[J]. Materials Science and Engineering: A, 2018, 738: 44-56.

[223] Merson E, Poluyanov V, Myagkikh P, et al. Inhibiting stress corrosion cracking by removing corrosion products from the Mg-Zn-Zr alloy pre-exposed to corrosion solutions[J]. Acta Materialia, 2021, 205: 116570.

[224] Mondelin A, Valiorgue F, Rech J, et al. Hybrid model for the prediction of residual stresses induced by 15-5PH steel turning[J]. International Journal of Mechanical Sciences, 2012, 58(1): 69-85.

[225] Moniruzzaman F M, Shakil S I, Shaha S K, et al. Study of direct aging heat treatment of additively manufactured PH13-8Mo stainless steel: role of the manufacturing process, phase

transformation kinetics, and microstructure evolution[J]. Journal of Materials Research and Technology, 2023, 24: 3772-3787.

[226] Moreira D, Furtado H, Buarque J, et al. Failure analysis of AISI 410 stainless-steel piston rod in spillway floodgate[J]. Engineering Failure Analysis, 2019, 97: 506-517.

[227] Nemani A V, Ghaffari M, Salahi S, et al. Effects of post-printing heat treatment on the microstructure and mechanical properties of a wire arc additive manufactured 420 martensitic stainless steel part[J]. Materials Science and Engineering: A, 2021, 813: 141167.

[228] Niazi H, Eadie R, Chen W, et al. High pH stress corrosion cracking initiation and crack evolution in buried steel pipelines: A review [J]. Engineering Failure Analysis, 2021, 120: 105013.

[229] Nong X, Zhou X, Wang Y, et al. Effects of geometry, location, and direction on microstructure and mechanical properties of 15-5PH stainless steel fabricated by directed energy deposition[J]. Materials Science and Engineering: A, 2021, 821: 141587.

[230] Okonkwo P C, Belgacem I B, Mansir I B, et al. A focused review of the hydrogen storage tank embrittlement mechanism process[J]. International Journal of Hydrogen Energy, 2023, 48(35): 12935-12948.

[231] Palanisamy D, Senthil P. Optimization on turning parameters of 15-5PH stainless steel using Taguchi based grey approach and Topsis[J]. Archive of Mechanical Engineering, 2016, 63(3): 397-412.

[232] Pruncu C I, Hopper C, Hooper P A, et al. Study of the effects of hot forging on the additively manufactured stainless steel preforms[J]. Journal of Manufacturing Processes, 2020, 57: 668-676.

[233] Sen D, Patra A, Mazumder S, et al. Morphology of carbide precipitates in solution quenched PH13-8 Mo stainless steel: A small-angle neutron scattering investigation[J]. Materials Science and Engineering: A, 2005, 397(1-2): 370-375.

[234] Shamsujjoha M, Agnew S R, Fitz-Gerald J M, et al. High strength and ductility of additively manufactured 316L stainless steel explained[J]. Metallurgical and Materials Transactions A, 2018, 49: 3011-3027.

[235] Sun B, Wang D, Lu X, et al. Current challenges and opportunities toward understanding hydrogen embrittlement mechanisms in advanced high-strength steels: a review[J]. Acta Metallurgica Sinica(English Letters), 2021, 34: 741-754.

[236] Sun Y, Hebert RJ, Aindow M. Effect of heat treatments on microstructural evolution of additively manufactured and wrought 17-4PH stainless steel[J]. Materials & Design, 2018, 156: 429-440.

[237] Tian H, Cui Z, Ma H, et al. Corrosion evolution and stress corrosion cracking behavior of a low carbon bainite steel in the marine environments: Effect of the marine zones[J]. Corrosion Science, 2022, 206: 110490.

[238] Wang L, Dong C, Man C, et al. Enhancing the corrosion resistance of selective laser melted 15-5PH martensite stainless steel via heat treatment [J]. Corrosion Science, 2020, 166: 108427.

[239] Wang L, Liang J, Li H, et al. Quantitative study of the corrosion evolution and stress corrosion cracking of high strength aluminum alloys in solution and thin electrolyte layer containing Cl[J]. Corrosion Science, 2021, 178: 109076.

[240] Wasim M, Djukic M B. Hydrogen embrittlement of low carbon structural steel at macro-, micro- and nano-levels [J]. International Journal of Hydrogen Energy, 2020, 45 (3): 2145-2156.

[241] Wasim M, Djukic M B, Ngo T D. Influence of hydrogen-enhanced plasticity and decohesion mechanisms of hydrogen embrittlement on the fracture resistance of steel[J]. Engineering Failure Analysis, 2021, 123: 105312.

[242] Wu X, Zhang H, Yang M, et al. From the perspective of new technology of blending hydrogen into natural gas pipelines transmission: mechanism, experimental study, and suggestions for further work of hydrogen embrittlement in high-strength pipeline steels[J]. International Journal of Hydrogen Energy, 2022, 47(12): 8071-8090.

[243] Xu W, Xin Y, Zhang B, et al. Stress corrosion cracking resistant nanostructured Al-Mg alloy with low angle grain boundaries[J]. Acta Materialia, 2022, 225: 117607.

[244] Xu X, Cheng H, Wu W, et al. Stress corrosion cracking behavior and mechanism of Fe-Mn-Al-C-Ni high specific strength steel in the marine atmospheric environment[J]. Corrosion Science, 2021, 191: 109760.

[245] Xu Y, Zhang X, Lu X, et al. Influences of microstructures and macrozones on the stress corrosion cracking sensitivity of a near alpha titanium alloy [J]. Corrosion Science, 2024, 232: 112015.

[246] Zeng Y, Li K. Influence of $SO_2$ on the corrosion and stress corrosion cracking susceptibility of

supercritical $CO_2$ transportation pipelines[J]. Corrosion Science, 2020, 165: 108404.

[247] Zhang H, Mi P, Hao L, et al. Evolution of Toughening Mechanisms in PH13-8Mo Stainless Steel during Aging Treatment[J]. Materials, 2023, 16(10): 3630.

[248] 宫克，吴明，张胜. $HCO_3^-$ 对 X90 管线钢应力腐蚀行为的影响[J]. 中国腐蚀与防护学报，2021，41(5)：727-731.

[249] 熊新民，宋洋，宋文文，等. HLHT-1 缓蚀剂对 20G 钢在模拟哈拉哈塘介质中的缓蚀效果研究[J]. 焊管，2020，43(1)：26-30.

[250] 张卫兵，翁远洲，檀为建，等. 注空气驱套管材质腐蚀规律与机理研究[J]. 石油与天然气化工，2018，47(3)：67-72.

[251] 王鹏宇，叶凌英，柯彬，等. 时效处理对不同晶粒组织 Al-Zn-Mg 合金腐蚀性能的影响[J]. 中南大学学报(自然科学版)，2024，55(1).

[252] 王宇欣，郭城湘，胡月飞，等. 核电站不锈钢焊接接头的应力腐蚀行为[J]. 腐蚀与防护，2022，43(5)：6.

[253] 杨世伟，夏德贵，杨晓，等. 调整处理对 17-4PH 不锈钢耐海水腐蚀性能的影响[J]. 材料热处理学报，2007，28(B08)：4.

[254] 张小彬，刘常升，朱杰，等. 大型水轮机叶片马氏体不锈钢的超声空蚀行为[J]. 东北大学学报：自然科学版，2006，(12)：4.

[255] Yao Y, Fan L, Ding R, et al. On the role of cellular microstructure in austenite reversion in selective laser melted maraging steel[J]. Journal of Materials Science & Technology, 2024, 184: 180-194.

[256] Qu Z, Zhang Z, Liu R, et al. High fatigue resistance in a titanium alloy via near-void-free 3D printing[J]. Nature, 2024, 626(8001): 999-1004.

[257] Zhou N, Zhang S, Ma C, et al. Effect of heat treatment on the hydrogen embrittlement susceptibility of selective laser melted 18Ni-300 maraging steel[J]. Materials Science and Engineering: A, 2023, 885: 145622.

[258] Zhang S, Zhou N, Ma C, et al. Simultaneous enhancement of strength and hydrogen embrittlement resistance of laser-powder bed fusion maraging steel via long-term low-temperature aging[J]. Corrosion Science, 2023, 223: 111440.

[259] Zhang J, Fan J, Xu J, et al. The effect of heat input on the microstructure and mechanical properties of 18Ni 300 maraging steel fabricated by arc directed energy deposition [J]. Materials Science and Engineering: A, 2023, 884: 145545.

[260] Yi L, Ying D, Zhu X W, et al. Tensile property and microstructure of Al-4.77Mn-1.37Mg-0.67Sc-0.25Zr alloy under different selective laser melting processing parameters[J]. Transactions of Nonferrous Metals Society of China, 2023, 33(2): 357-370.

[261] Tekin T, Ischia G, Naclerio F, et al. Effect of a direct aging heat treatment on the microstructure and the tensile properties of a 18Ni-300 maraging steel produced by Laser Powder Bed Fusion[J]. Materials Science and Engineering: A, 2023, 872: 144921.

[262] Osman M, Sarafan S, Wanjara P, et al. Effect of heat treatment on the microstructure and mechanical properties of 18Ni-300 maraging steel produced by additive-subtractive hybrid manufacturing[J]. Materials, 2023, 16(13): 4749.

[263] Okada K, Shibata A, Sasaki T, et al. Improvement of resistance against hydrogen embrittlement by controlling carbon segregation at prior austenite grain boundary in 3Mn-0.2 C martensitic steels[J]. Scripta Materialia, 2023, 224: 115043.

[264] Mei X, Yan Y, Qiao L. Research on hydrogen embrittlement behavior of L-PBF 18Ni(300) maraging steel by experiments and numerical simulations [J]. Acta Materialia, 2023, 256: 119141.

[265] Makaya A, Pambaguian L, Ghidini T, et al. Towards out of earth manufacturing: overview of the ESA materials and processes activities on manufacturing in space[J]. CEAS Space Journal, 2023, 15(1): 69-75.

[266] Liu Y, Lian J, Han X, et al. Hydrogen embrittlement studies of hot-stamped boron steel with different prior austenite grain sizes [J]. Journal of Materials Science, 2023, 58 (48): 18187-18206.

[267] Liu S, Wu W, Fu H, et al. Equivalence in evaluating hydrogen-assisted fracture strength of slow strain rate tensile and constant load tensile for three precipitation-hardened martensitic stainless steels: Effect of large-sized particles[J]. Corrosion Science, 2023, 215: 111050.

[268] Latypova R, Seppälä O, Nyo T T, et al. Influence of prior austenite grain structure on hydrogen-induced fracture in as-quenched martensitic steels[J]. Engineering Fracture Mechanics, 2023, 281: 109090.

[269] Hong S H, Ha S Y, Song G, et al. Correlation between micro-to-macro mechanical properties and processing parameters on additive manufactured 18Ni-300 maraging steels[J]. Journal of Alloys and Compounds, 2023, 960: 171031.

[270] Deconinck L, Vidaller M T V, Quejido E B, et al. In-situ hydrogen embrittlement evaluation

of as-built and heat treated laser powder bed fused Ti-6Al-4V versus conventionally cold rolled Ti-6Al-4V[J]. Additive Manufacturing, 2023, 76: 103768.

[271] Claeys L, Deconinck L, Verbeken K, et al. Effect of additive manufacturing and subsequent heat and/or surface treatment on the hydrogen embrittlement sensitivity of 316L austenitic stainless steel[J]. International Journal of Hydrogen Energy, 2023, 48(92): 36142-36157.

[272] Song J, Tang Q, Feng Q, et al. Effect of remelting processes on the microstructure and mechanical behaviours of 18Ni-300 maraging steel manufactured by selective laser melting[J]. Materials Characterization, 2022, 184: 111648.

[273] Mei X, Yan Y, Fu H, et al. Effect of aging temperature on microstructure evolution and strengthening behavior of L-PBF 18Ni(300) maraging steel[J]. Additive Manufacturing, 2022, 58: 103071.

[274] Mao Z, Lu X, Yang H, et al. Processing optimization, microstructure, mechanical properties and nanoprecipitation behavior of 18Ni300 maraging steel in selective laser melting[J]. Materials Science and Engineering: A, 2022, 830: 142334.

[275] Li X, Yin J, Zhang J, et al. Hydrogen embrittlement and failure mechanisms of multi-principal element alloys: A review[J]. Journal of Materials Science & Technology, 2022, 122: 20-32.

[276] Bai Y, Zhao C, Wang D, et al. Evolution mechanism of surface morphology and internal hole defect of 18Ni300 maraging steel fabricated by selective laser melting[J]. Journal of Materials Processing Technology, 2022, 299: 117328.

[277] Zhao M, Qing H, Wang Y, et al. Superelastic behaviors of additively manufactured porous NiTi shape memory alloys designed with Menger sponge-like fractal structures[J]. Materials & Design, 2021, 200: 109448.

[278] Zhao D, Liang H, Han C, et al. 3D printing of a titanium-tantalum Gyroid scaffold with superb elastic admissible strain, bioactivity and in-situ bone regeneration capability[J]. Additive Manufacturing, 2021, 47: 102223.

[279] Sun B, Lu W, Gault B, et al. Chemical heterogeneity enhances hydrogen resistance in high-strength steels[J]. Nature Materials, 2021, 20(12): 1629-1634.

[280] Félix-Martínez C, Ibarra-Medina J, Fernández-Benavides DA, et al. Effect of the parametric optimization and heat-treatment on the 18Ni-300 maraging steel microstructural properties manufactured by directed energy deposition[J]. The International Journal of

Advanced Manufacturing Technology, 2021, 115(11): 3999-4020.

[281] Cho L, Bradley P, Lauria D, et al. Effects of hydrogen pressure and prior austenite grain size on the hydrogen embrittlement characteristics of a press-hardened martensitic steel[J]. International Journal of Hydrogen Energy, 2021, 46(47): 24425-24439.

[282] Li X, Cheng C, Le Q, et al. Investigation of Portevin-Le Chatelier effect in rolled α-phase Mg-Li alloy during tensile and compressive deformation[J]. Journal of Materials Science & Technology, 2020, 52: 152-161.

[283] Kim H-J. Effects of prior austenite grain size on hydrogen delayed fracture of hot-stamped boron martensitic steel [J]. Metallurgical and Materials Transactions A, 2020, 51(1): 237-251.

[284] Han C, Fang Q, Shi Y, et al. Recent advances on high-entropy alloys for 3D printing[J]. Advanced Materials, 2020, 32(26): 1903855.

[285] Yan Z, Wang D, He X, et al. Deformation behaviors and cyclic strength assessment of AZ31B magnesium alloy based on steady ratcheting effect[J]. Materials Science and Engineering: A, 2018, 723: 212-220.

[286] Joshi S C, Sheikh A A. 3D printing in aerospace and its long-term sustainability[J]. Virtual and physical prototyping, 2015, 10(4): 175-185.

[287] Kubin L, Mortensen A. Geometrically necessary dislocations and strain-gradient plasticity: a few critical issues[J]. Scripta Materialia, 2003, 48(2): 119-125.

[288] Gao H, Huang Y, Nix W, et al. Mechanism-based strain gradient plasticity—I. Theory[J]. Journal of the Mechanics and Physics of Solids, 1999, 47(6): 1239-1263.

[289] Hoschke J, Chowdhury M F W, Venezuela J, et al. A review of hydrogen embrittlement in gas transmission pipeline steels[J]. Corrosion Reviews, 2023, 41(3): 277-317.

[290] Hou Y, Chen L, Li Z, et al. Effects of artificial aging on microstructure, mechanical properties and stress corrosion cracking of a novel high strength 7A99 Al alloy[J]. Materials Science and Engineering: A, 2020, 780: 139217.

[291] Huang C, Gao X. Phase field modeling of hydrogen embrittlement[J]. International Journal of Hydrogen Energy, 2020, 45(38): 20053-20068.

[292] Jia G, Lei M, Li M, et al. Hydrogen embrittlement in hydrogen-blended natural gas transportation systems: A review[J]. International Journal of Hydrogen Energy, 2023.

[293] Jong M, Schmalz F, Rensman J, et al. Post-irradiation characterization of PH13-8Mo mar-

tensitic stainless steel[J]. Journal of Nuclear Materials, 2011, 417(1-3): 145-148.

[294] Kučerová L, Burdová K, Jeníček Š, et al. Effect of solution annealing and precipitation hardening at 250C-550C on microstructure and mechanical properties of additively manufactured 1.2709 maraging steel[J]. Materials Science and Engineering: A, 2021, 814: 141195.

[295] Laadel N-E, El Mansori M, Kang N, et al. Permeation barriers for hydrogen embrittlement prevention in metals-a review on mechanisms, materials suitability and efficiency[J]. International Journal of Hydrogen Energy, 2022, 47(76): 32707-32731.

[296] Lee H W, Djukic M B, Basaran C. Modeling fatigue life and hydrogen embrittlement of bcc steel with unified mechanics theory[J]. International Journal of Hydrogen Energy, 2023, 48(54): 20773-20803.

[297] Li X, Ma X, Zhang J, et al. Review of hydrogen embrittlement in metals: hydrogen diffusion, hydrogen characterization, hydrogen embrittlement mechanism and prevention[J]. Acta Metallurgica Sinica(English Letters), 2020, 33: 759-773.

[298] Li Z, Yi D, Tan C, et al. Investigation of the stress corrosion cracking behavior in annealed 5083 aluminum alloy sheets with different texture types[J]. Journal of Alloys and Compounds, 2020, 817: 152690.

[299] Lu Q, Wang L, Xin J, et al. Corrosion evolution and stress corrosion cracking of E690 steel for marine construction in artificial seawater under potentiostatic anodic polarization[J]. Construction and Building Materials, 2020, 238: 117763.

[300] Lu X, Ma Y, Wang D. On the hydrogen embrittlement behavior of nickel-based alloys: alloys 718 and 725[J]. Materials Science and Engineering: A, 2020, 792: 139785.

[301] Luo H, Sohn S S, Lu W, et al. A strong and ductile medium-entropy alloy resists hydrogen embrittlement and corrosion[J]. Nature communications, 2020, 11(1): 3081.

[302] Luo H, Yu Q, Dong C, et al. Influence of the aging time on the microstructure and electrochemical behaviour of a 15-5PH ultra-high strength stainless steel[J]. Corrosion Science, 2018, 139: 185-196.